空间
——从功能到形态

KUKAN KINO KARA YOSO E

［日］原广司 著

张 伦 译

U0283245

江苏凤凰科学技术出版社

南 京

中文版序

　　高中时期，我曾经学习汉语。那时学习过一些唐诗，比如孟浩然的"春眠不觉晓，处处闻啼鸟"(《春晓》)，杜牧的"千里莺啼绿映红，水村山郭酒旗风"(《江南春》)，杜甫的"国破山河在，城春草木深"(《春望》)，李白的"床前明月光，疑是地上霜"(《静夜思》)以及"朝辞白帝彩云间，千里江陵一日还"(《早发白帝城》)，等等。

　　在东京大学学习的时候，进入学生宿舍就会在墙壁上看到大字的涂鸦，那是王维的"渭城朝雨浥轻尘，客舍青青柳色新"(《送元二使安西》)以及法国象征主义诗人兰波的那句广为人知的诗句"终于找到了！什么？永恒。那是沧海，融入太阳"(《地狱一季·永恒》)。虽然在中国人看来在墙上涂鸦诗句很奇怪。但在以前，唐诗在很多场合是可以高声朗读的。这是吟诗。比如唱歌，比如我们喝醉之后大声朗诵"劝君更尽一杯酒，西出阳关无故人"。

　　自那以后，我一直觉得，若与建筑区别开来的话，那么，对我而言，中国诗歌便犹如互相传递信号与音声的一条通道，令我可以直观感受到中国文化的博大与精深。最近，我试着听中文朗读的李白的"谁家玉笛暗飞声，散入春风满洛城"(《春夜洛城闻笛》)，我有些茫然。虽然在诗意上并没有理解错误，但是日语的读法在发音上与中文的读法有很大差别。也就是说，因为是诗，所以意思和发音原本应该有紧密联系。在很长的时间，我一定错误理解了唐诗吧。

总而言之，虽然没有继续学习中文让我苦恼，但是这本书的简体中文版还是诞生了。我对译者心怀感谢，同时也对岩波书店的林建朗先生表示感谢。林先生将中文译文与我的原作对照并进行校对修改，可以说，如果没有林先生，这本书的中文版将无法出版。

这本书是在"辩证法"和"非而非"的基础上，增加了新的东西，创造出无限的理论装置，与之相辅相成。即使在今天，"非而非"在欧洲仍贴着"神秘主义"的标签。这是错误的态度，不久之后也许就会在科学和逻辑学中明了吧。

我已经80岁了，中文版的出版让我有一种与年龄不相符的喜悦和感激，以此为契机，这本书之前不明确的地方得以明确，同时，我考虑写一部与此相关的新作。

二〇一七年一月

原广司

序

　　我生长于父母的故乡——长野县伊纳盆地。饭田市位于天龙河沿岸的小河阶上。在那里，傍晚时分，最美的景致要属黎明苏醒的地方——东方。此刻的南阿尔卑斯群山（赤石山脉），会在时间流逝中，幻化成一片红色的余晖，而白天，那洒满阳光的后方群山，又会让人不禁回头观赏。山谷的地形，带给人们的是独特的光线引导和方向定位。我在世界各处的偏僻之地，寻访聚落，目睹了许多令人感动的风景。如果说我在伊纳盆地窥到了一束光，那这些风景可以说是那一束光普照后的一幅图卷。我愿站在那 2500 米深的谷底，仰望照映在群山之上的夕阳，看它推移变幻。若能力超然，这光景在我眼眸哪怕仅仅停留一分钟，我都感觉自己能挥卷三百幅，吟诗三百首，筑楼三百座。

　　然后，相比于回忆中那美丽的黄昏美景，我的所作所为却显得那么微不足道。夕阳的光辉洒向群山，这般景致该用何种语言来阐述才更加贴切？自我推出上本书《建筑的可能性》（学艺书林，1967 年）以来，我一直在探求一个精准的词汇。后来花了近 20 年的时间，我才终于参出"形态"这一词。不过也得益于此，我才得以汇成此书。上一本书讲的是关于"关系"的理论，而本书将阐述"形态"理论。这其中的对比，就如在"从功能到形态"一章中提及的那样，直观展现了近代建筑和现代建筑的差异。

这两个词语的搭配组合，其实洛克早已在《人类理解论》一书中明确提及，并在对空间进行解说时写出，我后悔自己竟然没有早点儿发现。可能是因为洛克在书中列举的是关系、形态和实体三个要素，导致我一时陷入了迷惑吧。想来自己真是糊涂至极。

总之这 20 年来，我去了 40 个国家调查聚落，设计了约 15 座建筑，也进行了少量的数理研究；文字撰写方面，就我自己而言，也算写下了相当大量的东西。这些文字的累积中，如果多少对"形态"等词汇有所言及，那我想应该会形成一种有力的论证吧。而"均质空间理论"一章，则更像是深处谷底的一种抗议，本章的完成在形式上多少有些奇特。可以说，我撰写的大部分文字，都是为了探求"形态"这一词汇的概念。无论是《论题篇》（亚里士多德）、"甜甜圈化现象"，还是"万物皆为整体"，还有定家的诗歌、"非而非"、《方丈记》的缩小理论等，关于这些，我曾于 20 世纪 70 年代至 80 年代反复论述书写过。我在这期间书写的文章中，选择了一些相对概括的内容，融汇到本书中。

哲学的任务并非扭正世间的谬论，而在于对世界的开拓。就此而言，马克思是完胜康德的。而关于建筑方面的言论，也是完全一样的道理。语言，仅仅承担着对空间的把握，其发挥的作用着实有限，但是，它同时也拥有着不可思议的号召力。我们设计了一个建筑，同时，它会给我们下一个建筑的构想带来灵感。我们要想把某种构想，换言之某个空间的平面图鲜明地表现出来，贴切的语言表达会发挥重要作用。在设计建筑的时候，任何表达者都一样，仿佛永远画不完的图稿，担心着也许这一次就真的完不成了。但终究还是会完结。在完成之际也会落下某些语句。而试图将它们替换为更精准的表达的意志则使我趋向下一张图稿。说到底，设计就是空间与语言的捉迷藏。也正因此，对于自己选定的言语也会有感情。比如"首先存在封闭的空间""将住宅埋藏在城市中""跳出进而站立"等。如果我们已共享了一座建筑的拓展，在此基础上，这些措辞就显得有些隐喻了，不如"均质空间""部分和整体"等更为一般化的概念，或者说"边界模糊化""覆盖／重合"等具体的方法概念，来得更为贴切。但是，语言是一种非常可怕的东西。言论一旦出口，如果我创造的建筑不够好，作为表达者的我的言论必然不会被信任。即便我不是表达者，情况也是一样。我对西田几多郎及和辻哲郎怀有畏惧感，但就他们与法西斯主义的关系而言，我觉得他们的言论所折射的巨大构想中泛着一层阴影。世间是存在混沌和无序的。

南阿尔卑斯群山（赤石山脉）的晚霞并未让我窥见整个世界，于是我将脚步踏向撒哈拉沙漠、安第斯山脉、底格里斯河和幼发拉底河河岸。聚落调查可以让我学到很多东西，同时也让我经历了一场又一场愉快的冒险。我们确实奔走了许多地方。谒见部族首领；遭遇武装村民的包围；夜间横渡死海。一会儿遭遇狙击，一会儿又被军队抓获。之后又躲避雷击，更在世界级大型汽车的袭击下，四处逃窜，多的时候，一天曾遇到三次尸体。当时伊朗正处于革命前夕。在中美诸国，在伊拉克，在加纳，都处于一触即发的状态。当然，旅途中我们也遇到了许多善良的哲学家。他们建造出的聚落建筑是那样的完美，足以说明他们对知识的探究之深。

于是，我便去探求这些哲学家的祖先们留下的话语，但收获甚微。这些话语将会在"关于部分与整体的逻辑的再构建"一章中有所介绍。而对语言的探索固然有趣，但它若能让我享受到从聚落调查中得到的一半乐趣，说不定我就可以挖掘到更多藏在聚落背后的话语诉求。我就可以挖掘到更多藏在聚落背后的话语诉求。若将来能有机会撰写《聚落论》，也许我将做一名语言探索者。但是同时，为了那些不知名的哲学家，我更想成为一个优秀的翻译家。建筑是一种得了失语症的哲学。我敢毫不犹豫地预言——以建筑为代表的艺术，将会取代哲学，因为 21 世纪，是"空间的时代"。

伟大的数学家黎曼曾说过类似这样一段话，"空间是一种权宜的解释"。这句话亦在"空间图式论"的记述中重复出现。在它的推动下，文艺复兴时期，曾全然淡出的亚里士多德理论也得以重生。同时，这句话也让古今中外所有的空间论者得到救赎。就我所知，黎曼是唯一一位面对所有人都能说出"你很伟大"这句话的思想家。"我最伟大"，有此发言的思想家、学者、艺术家、建筑师比比皆是，然而事实证明，他们的"伟大"也就不过如此。黎曼曾提及几何学，其实这对人类而言，是一种意识的解放。意识的解放、想象力的自由，这些都为相对论奠定了基础，并助其拉开了序幕。构建根植于相对论的人类学体系，这是一个伟大的尝试，而这个尝试也正是"空间的时代"的意义所在。人们要承认黎曼几何的存在，相信这位创始人的话语。言论者必须要站在黎曼的立场，切身体会黎曼。只要坚持贯彻这样的态度，艺术、建筑终能将哲学取而代之。诸多美丽聚落散落于世界各地，它们彼此之间的差异，造就了"世界的风景"的形态，我将其寻访，从中参悟出了上述道理。

我探访国外聚落，研究隐藏在这些聚落背后的语言，同时也走访了日本的聚落，试图倾听它的话语。这个课题十分有趣。因为外国的空间论历史、空间概念史著书中，几乎没有提到日本的空间论、空间概念。将来某天，应该会有一个人著书撰写日本的空间史，他的书中，想必会出现各种各样关于空间的解释吧。我希望能把这其中最具支配地位，最核心的概念明确阐述。就我有限的经验而言，我认为，这个概念就存在于"吸音"空间的背后。从广义上讲，也可以说存在于"吸收性"空间中。而在"'非而非'与日本的空间传统"一章中，我将空间特性的意义用一种隐喻的方式进行了描述。

真正意义上来讲，本书的参考文献当属各式各样的建筑、都市、聚落。但是这些资料并不能呈现出来，要想读此书，也并不需要这些知识。讲空间，抛开建筑一样行得通，但是，若能学会通过建筑，将对空间的阐述融入日常生活中，也不失为一件便利的事情。设计师会通过具体的建筑事例，交流沟通，分享自己的观点。我们脑中存在着一种意识，它会促使这样的交流不断持续下去，而这层意识所酝酿出的图稿，才是我最关心的地方。然而，它并不仅存在于建筑领域，更隐藏于日常生活中，奠定着我们每一个行动的根基。我们会在意识中，构建一个空间，形成图稿，首先，我们要确认这份图稿的存在，这是先决条件。我曾在阿尔卑斯和安第斯仰望高山，从当时的视角来看，高度也不过 4000 米，与南阿尔卑斯群山（赤石山脉）并未相差太远。然而在尼泊尔，喜马拉雅山脉在 6000 米的高度上就已高耸入云。若再将这幅情景与南阿尔卑斯群山（赤石山脉），做一个相同程度的图式化处理，那便可以随时回想起它的姿态。当时，我以"山谷式建筑"为目标，设计了几款住宅。后来我想，如果将来基于各种条件的变化，不得不把目标转为山脉式建筑的话，应该以云霞式的建筑为主攻方向。从此我开始关注当时尚未形成语言概述的"形态"。

回想起来，让我回忆起自己曾置身于撒哈拉沙漠这种感受的，正是撒哈拉本身。横穿撒哈拉，堪称当今社会最棒的一项运动，因为它可以让你在不需要任何训练的状态下，体验到达终点的境界。撒哈拉，如其字面所感，是一个幻想的世界。如达利在画作中展现的那样，沙漠变成绿洲；又如马格利特描绘的那般，恍若岩石飘浮在宇宙中。时而，又在帆船舰队朦胧摇曳的画卷中，隐约出现图瓦雷克人的骆驼队。撒哈拉昼夜温差50℃，黄昏时分的寒冷，仿佛让人体验到了位于日本中世美学顶点的冰冷的意蕴，这种感觉想必人人都能理解。撒哈拉，堪称通往宇宙之门。

这幅极具变化的沙漠图景，即是一连串的空间图式的组合，既造就了我的撒哈拉之旅，也铺垫了思考的"路径"，我一边对这些做出思考，一边写下了"空间图式论"。

在论述空间图式的过程中，有一个非常重要的方法论，即，立论要建立在对直接体验的图式的保存基础上。本书中，我将这些直接体验的图式称作"情景图式"。例如，喜马拉雅山、撒哈拉的冰冷等具体的图式。若不遵循这个方法，那么可能我们就会迷失，这些由场景形成的人类存在。建筑，就是情景图式的"路径"的实现。我将空间图式的起点置于胡塞尔的"身体"中。随后，我在对胡塞尔观点加以延续的初衷之下，构思出了几个准距离空间，撰写了一篇小论文，名为"近旁概念和空间图式"。（《记号学研究》2，日本记号学会编，1982年）内容是展现情景极度"褪色"状态的图式，将胡塞尔的"作为世界中心的身体"经拓扑空间加以说明的"逻辑图式"。我将这些抽象的图式置于脑中，却设想出了情景图式的概念。且不管这其中的逻辑如何，我们必须具备将某个具体的体验归纳为可直接传达的意义集合，并将其单位化的装置，否则，今后思想的发展将令人担忧。即，若不具备如文学家一般的语言素养，就很难找到可以凌驾于图画之上的语言，因为信息量不一样。简单来讲，书比不过电视。然而其实现在，书正在向小型电视靠拢。有一个问题，我并不能解释得非常清楚，但我觉得也许语言的语调正在发生着飞速的变化。"空间图式论"并未言及语言和空间图式之间的关联性，作为一篇论文来讲，我想这就是它的局限性所在。也许我一开始给它命名的时候，就应该将这种局限性体现在标题之中。

我在撰写本书的小论期间，曾做过极为少量的数理研究。研究对象为闭合曲线图形、图表、拓扑空间。这些都是对聚落展开阐述时要用到的道具、数理语言。我依然立足于"空间是一种权宜的解释"的立场，对各种现象做出解释。这就需要某种语言或道具装置，所以这种立场，也可以说是应该要对语言和道具装置本身展开研究的立场。如将这种立场进一步向前推进，它就会演变成一种态度：世间万象的事实性，是依托于将其进行记述的广义上的语言的。例如，我们假设某个现象将会在一种统计性正规分布的方式下展开阐述，那么很容易就会让人认为，这个现象的事实性，展现了正规分布。但其实不然，实际是先有正规分布，正规分布只是经由它而得以记述的一系列现象中的其中一个，随后正规分布便在这样一种定位下，对这个现象做出展现。事实性与要对其进行阐述的语言体系数量是对应的，从这个意义上来讲，我们可以说，有多数事实存在。即，事实是建立在复数性的基础上的。

若此，世界是成立于巧妙的事实构想之上的。建造建筑即可知晓，某种意义上来讲，自然并不是那么听话。不听话的自然跋扈横行，是因为构想不够巧妙。已有许多人明确表态，世界的订立是戏剧性的。要构想出一种与自然和睦相处的建筑，是需要技术支撑的。语言表述即是这种技术的一种辅助和延伸，也可以说，它占据着技术的一部分。设计师们会通过感性来进行技术构筑，而我则通过一系列数理性考察，逐渐对场、地形、边界、领域、中心、近旁、距离、部分、整体、同一性、差异性、自相似性等有了了解。

对于从事翻译工作的人们，我一直抱有尊敬和感谢之情。能把那样难的古典著作透彻解译的人，想必具备着非常高的技术。如果这些人是棒球投手，我猜想，他们绝对可以连续五个回合轻松将对手封杀。日本的文化是建立在这些人对知识的解读和记录之上。我的知识也不过是基于翻译家们的业绩结果。他们发掘新语言，建立语言之间的对应关系，而现在我们的思维，则始终遵从于此。这一点，在日本古典领域同样适用。甚至可以说，所谓日本古典，若没有翻译，根本无法理解。

也许我无法像杜尚那样后期转型成为一名实力强劲的国际象棋手，但是我仍然对象棋职业选手们抱有浓厚的兴趣。他们如同其他运动选手一样，都在拼命地计算着赛况布局。20世纪60年代至80年代，我曾目睹了三代将棋选手的成长。同时存在的三代人都拥有着非常明显的时代倾向，虽然其中一部分并没有展现得那么清晰。其中，第二代米长邦雄曾于1979年与劲敌中原诚对战，局中使出"6七金寄"这个场景，让人不禁回想起同一年，职棒选手江夏丰在职业棒球日本选手权系列大赛中，取得满垒战果最终局的情景。两者均在现代日本精神史中留下了自己的光辉印迹。说到图式，我会首先联想到将棋的局面图。人的意识中是存在空间图式的，要想将这一点解释清楚，我认为用棋谱图解释会更为通俗易懂。职业将棋手会在掌握全局的同时，在脑中设想、对比，应对多个局面图。而我只能回想起"6七金寄"，其余的部分则会模糊略过。想来整个棋盘只有81个格子，但6七以外的位置，却会如"褪色"一般淡出我的脑海。可以说，浮现在我意识中的图式，大部分都是这种零散的碎图。就连自己设计的建筑的情景图式也是如此，尽管可以同时将细节和整体收入眼中，但其各自的图样，大部分仍然是破碎的。这些破碎的图样，便是"形态论"的出发点。

就如在"边界论"开头部分中提到的一样，我的出发点是"封闭空间"。在此基础上打孔，这便是建筑。就我迄今为止的设计方法而言，主要经历了以下三个阶段。第一阶段，我称它为"有孔体"，就像给气球之类的东西打孔一样，开一扇窗便可成型的建筑。给平面打孔，从这个意义上来讲，可称得上是二维平面；在第二个阶段中，我设计的大部分都是住宅，所以我称之为"反射性住宅"。这里，我曾想打出立体的孔。建筑的纵深仿佛深厚的门一般，是三维立体的孔；第三个阶段就是现在，讲出来也许比较难理解，总之就是要打出四维空间的孔，用目前我们能理解的实例来讲，应该说是"所到之处如街角这类建筑"，实现这种建筑的方法，便是"多层构造"。从立体的孔这一概念开始，语言的解释就略显不足了，所以我曾想用"形态"一词来表达。我逐渐开始对四维空间的孔有了一个模糊的构想，为了更加鲜明地突出它的形象，我尝试制作了模型。其中之一，就是我专为格拉茨和明尼阿波利斯展览会（1985 年和 1986 年）制作的"多层构造模型"，别名"意识的形态论空间"。

这个作品从性质上来讲，只是一个观念性的建筑模型。后来我将它文字化，就是"从功能到形态"以及"'非而非'与日本的空间传统"两篇文章。在此我将引用短文"关于 21 世纪的建筑"（《今后展望》，岩波书店，1983 年）全文。在这个阶段，还尚未对"形态"一词有一个全面的解说。

在 20 世纪，以具体化均质空间为理念的建筑，作为管理型社会的容器，在 21 世纪仍将发挥支配性作用，并在全世界的都市中占据更广阔的空间。高度压抑下的均质空间，极有可能在人工地形乃至自然中趋于常态。对此，空间形式较为特别的建筑将会以多种形式得以实现。比如，第一，国家或者等同于国家的权力机构以官方活动的形式完善均质空间的单一性；第二，相对自由的组织（将来可能发展成新形式的共同体），推出更加自由的展现方式，与均质空间抗衡。图式已在今天确立，但今后可能会更加鲜明。均质空间很可能由于以下因素遭到废弃，（1）社会或经济制度的变革；（2）划时代的新材料的开发；（3）决定性的能源危机。但是，能取代这种空间的支配性空间，至少在 21 世纪前半期，尚未实现具体化。

新建筑，将会具备以下两个表现倾向，并在整体上呈现幻想性。其中之一，就是 20 世纪的建筑特征之一的"构成理论"（功能性构成、抽象形态的构成、组合等）将会被排除在外，同时，与极光、海市蜃楼、彩虹、星云等自然现象更为亲近的"场合理论"（将诱导、渐变、变动的地形曲面、呼吸、预感，创生及湮灭等因素统合的概念在此时已无法准确表达）则会凸显出优越地位；第二，现实生活戏剧化的倾向会逐渐加强，建筑会逐渐带上虚构性、故事性。20 世纪的文化几乎没有对人类死亡的思考，所以上述两种幻想性倾向，可以视为一种对 20 世纪文化的反抗表现，已在预测之中。

极光、海市蜃楼、彩虹、星云，再加上云朵、雾、霞等，均属于形态论现象。就当今情况而言，21 世纪完全可以用"趋于形态"一词来概括。可以用现象学解释的建筑自古就有。但是，在现象学影响下诞生的建筑才刚刚起步。新建筑的边界正趋于将目光转向更加暧昧的物体，同时，又试图将其展现出来，"窥探创作意识"。

20 世纪的文化特征之一就是暧昧，以及对多义性元素的关注。换言之，或许可以概括为相对论带来的文化一体化。概率化的现象记述、将非确定性正规化的态度、对存在于不定型现象中的秩序的记述，以及对形态学分类的关注等，都可以看作是学问和艺术的各种分类。在出现这些倾向的背景下，我萌生了将"非而非"理论再解释并赋予其新意的想法。在我的生长历程中，曾遇到两次对"否定"一词之意的质疑，一次是 1960 年，一次是 1970 年。期间兴起的运动，既带有责问民主主义理想存在状态的政治意义，同时也包含着追问"not"一词的文化意义。如果把上一本书《建筑的可能性》比作 1960 年的《安保条约》，那么本书中的"均质空间理论"则可以看作在 1968 年文化运动达到顶峰的背景下所著的言论。我认为至此，"近代建筑已走向终结"。新的考察将会以此理论为基准点重新起步。在上一本书中，我曾经描绘过"扩散辩证法"。如果说辩证法是一种宣告事态终结的理论，那历史则将不会得到辩证法的论证。辩证法应该是一种引导事态得以延续的理论。基本来讲，"not"有两个意思和作用。其中一个是"不正确"，即"排除"；另一个意思是"有其他的可能性"，即"诱导"。奇妙的是，后者甚至可以说带有肯定的意味。

普遍认为，辩证法自身的理论中，并未包含对矛盾生成和扩大的解释，当然这种理解在某些情况下也许不甚准确。当"矛盾产生"的时候，辩证法就会出现。所以用一种比喻的说法来讲，在"矛盾产生"之后，辩证法才会登场。所以用一种比喻的说法来讲，辩证法是不时地到来。与此相对，"非而非"则自带同时性这一逻辑装备，因而它是不间断地出现。这是因为"矛盾产生"正是它所主张的，先行决定什么是正确的才是合理的姿态。与之相对，艺术这样的表达行为就完全没有主张孰对孰错的必要了。它的关键仅在于是否具有对可能存在的世界提出暗示的拓展力。喜好、好恶时常会被认作是评判艺术的有力证据，但其实艺术的成立根基不过就是一个平面，而这个平面与上述基于个人欲望的分割式处理方法并无关联。艺术或者其他类似的表现方式，只有在可共享拓展潜力的形式下，才能成立。因此，"非而非"才可以成为解释艺术世界形成的原因。尽管目前面对着世人对暧昧，对不定型性，对非确定性趋于关注的状况，但我仍试图在寻求一种，精神上从绝对境地中解放的状态，也许略显拙劣，基于此，我写出了"'非而非'与日本的空间传统"这一章节。因此，这个理论可以说是在否定和形态融合的基础上形成的。

　　顺便一提，其实所有人在生存的过程中都会进行空间构想。因此，人人都可以对空间发表言论，且不得不发表言论。空间并不只是会在解释自然现象、设计建筑或城市等特殊场合出现。我们可以在日常生活中的所有场合中提及空间。要想真正学会论述考察空间，就要如现象学那样，将一般体验当作考察对象，这才是正确的姿态。本书中包含的诸多言论，均有意识地试图从普遍性切入，再从构造建筑的角度对空间进行论述。但即便如此，也难免会有一些较为严重偏颇之处。然而我担心的偏向，并不在专业知识方面，而在对现实中的一些惯性制约，以及，我在文中的提及可能稍显不足。

　　人们对空间进行构想，并在各自心中构造空间。即使事实如此，各种制约也会如期而至，如大自然的制约，或者某个历史侧面的社会性、历史性制约。

关于这些制约，我虽在"均质空间论""关于'部分和整体'的逻辑的再构建""边界论""空间图式论"等章节中有所提及，但不得不承认，文中的论述最终还是停留在了一个言论者的水平上。且不提该论述对当今时代的有用性，至少比起海德格尔，相较于他的"撤销隔阂－在手边－道具"之类的存在论所展现的水准，我是望尘莫及的。换言之，本书中缺乏关于技术的直接论述。就好比"画饼不能充饥"，文章中便是缺少了从这个视角出发的阐述。世界不可能随你的构想而转动，但是不去构想，世界更不会运转，这也是事实。只有巧妙的构想，才能在现实的种种制约下，将虚拟与现实成功融合。自现象学诞生以来，虚拟和现实的界限变得越来越模糊。如果说这其中，海德格尔之所以能脱颖而出取得成功，是因为他通过道具找到了与现实的接触面，那么"从功能到形态"背后，承担"道具"责任的事物，其普遍存在状态也必将得以示人。如果硬要主张的话，那在本书中，"道具"被"情景"所代替。"情景"是依赖故事而存在的，作为一个存在论要因，为了得以延续，它无法彻底还原成某些必需要素。虽说"场景"是一种建筑性要素，但终究与普通人类相隔甚远。因此，形态论今后的任务，便是探索更能指明根源要因的语言。

为了更清晰地把握均质空间，我选择了退居于聚落调查以及住宅设计等事务中。那期间，我曾有意识地致力于设计亲近自然的建筑。如果说均质空间的理念存在于不受大自然影响、可保持恒常气候条件的第二自然的形成中，那我自然要采取与之相反的态势，以融合于自然的建筑为设计目标。但其实过去的每座建筑都是亲近自然的，这些建筑会与大自然的变化呼应。我们要做的并不是还原过去，而必须要追求新时代下亲近自然的建筑构想。均质空间中存在着坚定的自然观念，我们力图注目于此。而这种坚定的自然观念得以存续的根基便是社会经济基础的支撑。如果说存在着均质空间没有言及的自然，那应该存在于作为自然一员的人类身上。但是，对于肉身，均质空间可以说已经具备了所有条件。即便如此，若仍说均质空间不完善的话，那欠缺之处应该在意识方面。

自然是我们的选择对象，也是对我们的物质身体产生作用的根源，某种意义上可以说我们仅仅注视自然即可。不管是对象还是原因，都是存在于我们自身内部的。设想一下我存在于自身中的场景，随后我的意识对这个定格的画面做出反应，而在我这层意识中，就承载着自然的存在。这同样也是自黎曼以来的新自然观的存在根基。至此，关于哲学和艺术的探索，人们进行了各种尝试，而"对意识的窥探"想必将会作为其延续也投入研究。虽然我们不是研究意识的科学家，但是我们是意识的体验者，意识是一座房子，我们是里面的居住人。所以，让我们阐述意识的科学道理的确稍显勉强，但关于意识的景况，我们应该还是能讲出只言片语的。随后我们开始窥探记忆或想象中的情景，此时，与这些情景稍有相似的彩虹、云朵，海市蜃楼等自然现象又再度在脑中逐渐清晰。同时，"非而非"的印象景况和日本中世纪的艺术家们最珍爱的那些画面也开始逐渐揭开朦胧的面纱。

人身体上的皮肤可以算是一种几何学边界，而意识却没有明确的边界。第一个将意识的这种暧昧性用描述出来的人是马赫。我曾经错认为自己已经参悟到这一点，所以很长一段时间未加注释，就开始对肉身和意识的差异大写特写。之后过了一些时日，我再度调查马赫的相关资料，看到某些言论时，我倍感惊讶。因为我发现我的部分意识已经从属马赫。就如同，我的意识所在之处，已经被众多他人所占据。我自己的领域能延展至何方，并不明确。如果说意识没有边界，这个言论可能就会涉及间主观或者说共同主观的问题。某种意义上我们可以认为，共同主观只能通过对"意识的窥探"才可以被阐明。但真正情况又如何呢？"窥探"需要一定的观测装置。关于对共同主观，也可以说对意识中的共同构造的观测，我们可以对将来调查装置的成功充满信心，但起初，我们也许只能获取到一些不确定的资料，真正谈到所设计的装置时，某些事态才会浮现出来。我们设计的这个装置，其实就是和市民或者说和居民们一起设计建筑或城市某些部分的过程。只有迈向实践阶段，才可以真正着手研究共同主观的课题。我想现在正是哲学家们该去实地考察的时候了。

综上所述，本书不是一本关于建筑或城市的专业书籍。作为写作初衷之一，我更希望这本书的内容能传达给更多的读者。如今，已有越来越多的人以市民或者说居民的身份着手研究地域文化的形成、景观的整备等课题，并投身于空间设计操作中。这样的实践其实并非易事，一方面不仅苛求专业技术，另一方面也需要当事人有创建自我空间的自觉。本书在撰写的时候，有意将市民与设计师放到了同一个平面基准。就此意义而言，我将各章论题要旨总结如下。"均质空间论"论述的是对现状的认识；"关于'部分和整体'的逻辑的再构建"是空间理解的集合论之基础；"边界论"则对场景和领域进行了考察，并从这两个角度阐明了空间的把握方法；"空间图式论"是一种主张，它认为存在着一种人人都在从事着设计工作，形成着空间的背景；"从功能到形态"则是对现代建筑的方向定位；"'非而非'与日本的空间传统"则是具体阐述形态论的其中一例。

目录

均质空间论

（1975 年）

　　"均质空间理论"曾在《思想》的 1975 年 8 月号以及 9 月号中刊载。之后我曾多次想对内容加以修改，但每次都未付诸行动。我在本书中对个别字句进行了修正，但整体而言，基本还是照原本内容收入了书中。

　　当时我对空间概念颇有关注，并想在本篇论文之后，以亚里士多德的场所论为核心的空间概念，或日本中世纪的空间概念为主题继续撰写文字。因此，文章在《思想》刊载的时候，均质空间理论变成了副标题，主标题则为"作为文化的空间"。这个构想曾在《SD》1971 年 9 月号（鹿岛出版会）刊登的"空间概念论研究草稿"一文中记录。均质空间代表近代建筑的最终结论。该篇草稿对这一论点给予了明确定位。之后，关于空间概念源流的整理，我没有再撰写过相关论文。本书中的"'非而非'与日本的空间传统"一章，是对当时的研究课题之一进行整理后的产物。

我之所以没有再撰写文字重新论述这个观点，一是感觉均质空间理论这个词会赋予人们"公民权"；同时，我自身仍坚持对均质空间的批判立场。均质空间一旦实现，则代表着"近代建筑的终结"，所以我想尽可能将原来的文字原封不动保存下来，为新的建筑表现方式的诞生提供思考的原点。

1970 年起，不同于近代建筑的新建筑表现方式和建筑思想开始崭露头角，已大势所趋。其前兆其实早已于 20 世纪 60 年代开始潜滋暗长。在这样的变革的氛围下，我开始从理论上思考步入新世代的理由和意义，其结论的成形之作，便是这篇论文。我是生长在这个变革期的建筑师之一，等待将来史学家的评判。

简单来讲，近代建筑的作为，大致可通过以下画面加以概括说明：密斯画坐标，柯布西耶在坐标上画出各种函数图。再用建筑模型来打比方的话，还可以这样讲：近代建筑就好比"玻璃箱子里的朗香"。玻璃箱子就是密斯的均质空间，朗香就是柯布西耶设计的小巧但知名的教堂。这个玻璃箱子里可以放入很多东西。可以是柯布西耶在昌迪加尔制作的"手"，也可以是他在《模度》封面上绘制的"人体图"。之所以将"柯布西耶"放入玻璃箱子中，是因为他对"关系"有过思考，实际放什么都可以。这个玻璃箱子，就仿佛拉普拉斯妖一般。因为这个均质体系，无论内部是怎样的混合构成，都会从外部将它覆盖。就像牛顿的绝对空间一样，玻璃箱子只是一种幻想。但如今，这个幻想开始在世界主要城市逐渐蔓延开来。我期待着有一天，能有一个人用一张素描来取代这个玻璃箱子。

古时常说，建筑就是文明的象征。这句话从历史悠久的神殿中传来，在中世纪的大教堂里高声回响。但我感觉，它的声音却始终无法传到现代。就在之后，中世纪大教堂的文明主角地位被其他领域所取代。不知不觉间，建筑成了一种文化活动并归于常态。而至今日，建筑活动与其说是时代的产物，不如说更接近一种个人想象力的发现。文明象征的宝座就这样毫无芥蒂地转交，这其实也代表了人们争相涉足艺术领域的一种风潮，某种程度上也算是一种成功。

经历了这样那样的周折后，又出现了"近代建筑没有风格"的说法。我承认这样的言论会给建筑活动带来希望。现在很多建筑师深信——所谓没有风格，就代表着建筑及其集合的创作孕育着无尽的可能性，说不定明天就突然会有一座如繁星闪耀般的建筑问世。我不敢彻底断言这浪漫的创造土壤一定会带来负面效应，但它真的现实吗？我们这些设计建筑的人真的可以自由地去挥洒展现吗？压在我们日常设计头上的各种制约，难道我们真的可以仅把它们视作突如其来的偶发性因素吗？

表现结果不尽人意的状况，有以下两个方面的原因可考。首先面临的第一个不自由因素，便是社会经济的制约。很多建筑相关工作，还未等到设计师将目标纳入个人想象力时，就已经要面临大组织大团体的直接委托，最后不得不遵循经济原则，以及对方提出的各项具体要求。而且越是大规模建筑，这个倾向就越是明显，工作机会的到来是一件难得的好事，但是必须要遵循经济原则，接受制度的检验。第二个不自由因素，就是想象力本身的问题了。也许真的是因为它自身无法获得自由吧。这里意思是说，首先，现实的种种压抑会导致想象力无法展翅飞翔；其次，我一直有一种恐惧——建筑表现力可能已经遭遇了一道无法轻易逾越的屏障的阻隔。果真如此的话，那即便克服了第一个不自由，表现结果依然还是会不尽人意。不幸的是，这样的征兆已经出现在现实中。

建筑活动在文化中占据了一席之地，但它同时可能面临新的危机。但一方面来讲，建筑活动又坚实地在履行着满足人类日常生活需求这个义务。我们试图为建筑争取到诸如文明的象征、风格、艺术作品等定位，并为此展开观念性研讨，而有见解认为，这样的行为实属不知深浅，但其实这样的观点，无论哪个时代无论何时何地都是存在的。随后，这样的事实观念讨论开始在统治阶级的建筑物，以及经手这些建筑物的建筑师之间逐渐展开并趋于常态。一方面，象征文明代表文化的一座座殿堂平地而起，另一方面，大多的人民却群居在条件恶劣的住宅中。这种构造，已经成为跨越时代和地域的现象，即使现代，也并没有跳出圈外。统治阶级倾注思想构建起一座座建筑，而剩下的大多数人则只得抬头仰望并自然地认为这是不可避免的。这样的关系一直都在被动成立着。不管是在建筑象征文明的时代，还是建筑代表文明果实的近年，"支配等于不可避免"这样的构造从来就没有改变过。

支配性的建筑，不仅等同于归统治阶级所有的建筑。其支配性意义在于，在文明或者说文化中，这些建筑所发挥的支配性作用。它代表的并不只是在建筑这一个活动领域的自律现象，而是在整个文化圈内，在多种活动领域引领起的某种共同意识，因此它才能持续地施展强大的支配力量。哪怕单拿出一个建筑风格来也是如此。我们透析一个建筑风格，它最终并不只会归结于相应的技术或想象力，它诞生的背后是一个完整成熟的文化体系中带有支配性的那部分的支撑根基——这才是现实的思路。这种情况下，建筑活动就仿佛与其他文化活动产生了巨大的隔阂，而能将两者带向一个共同基础平台的，便是"空间"这个概念了。因为无论什么活动，都会在某种形式下，与"空间"发生关联。如果各类文化活动的重要部分，或者说包含建筑领域在内的各种活动的支配性部分之间，存在着很强的连带性，那即便其中某一个活动领域并未言及"空间"，那以空间为直接对象的其他活动领域，比如建筑活动，自然会就"空间"因素，去完成该领域的补充工作。如果连这样的连带性都缺失的话，那文化的支配性表面形态，即支配文化的形而上学的部分，也将无法构建起来。

再进一步探究，我们会发现，每一个文化都有一个发挥支配性作用的"空间"，且众人都会不可避免地遵从这个"空间"。这并不仅意味着人们只是住在统治阶级提供的住宅中，被动地仰望统治阶级的建筑物。甚至于他们连日常生活中对空间的思考，他们的空间想象力，都无法避开统治阶级的"空间"。也就是说，也许真的就存在着"这样的支配性等于不可避免"这样的阶级构造。我们假设存在这样强有力的"空间"意识，那当人们仰望天空的时候，映入眼帘的景象就不是个人的想象力所能左右的了。这时人们只有置身于这个强有力的"空间"意识框架内，才能真正完成"仰望天空"这个动作。

假设这个强有力的"空间"及其形态是遵循文化形态的，那即便是生活在现代的我们也难逃现代的"空间"束缚。如果现在有一堵厚实的墙壁挡在我们面前，我们无法跨越它，且要被动地惧怕于它的触感，而同时，建筑的表现力也在逐渐衰退。在这样的境地下，我们的想象力已经成为这种支配性空间意识（如果称它为空间概念，那就是现代或者近代的空间概念）的"俘虏"。我们不可避免地共享这个空间概念，在某些情况下，可能早就已经构建起来了，这就是原因。在建筑活动活跃的时期，为了将我们的时代的空间概念清晰确立，并将它物象化为建筑物，观念层次的争斗想必经历了一个相当激烈的过程。到底什么才是支配性的空间，又由谁将它引入建筑表现方式中？也许其本质就是围绕这些问题展开的主导权争夺战。之后，支配性建筑步入平缓和安定，留给我们这些建筑师的工作也就仅剩下对这些建筑的丰富和扩充，以及对旧时代的怀古和追溯。如果这个判断是正确的，那我们的日常实践活动自然就要面临重新考量的命运了。

支配性等于不可避免这样的构造代表了文化层面上的阶级，如果说阶级这个词容易引发混乱，那我们不妨换个说法——支配性等于不可避免这样的构造，指明了在形成完整文化的种种形态中，引领文化的部分的所在之处。或许，文化的表层由统治阶级所有，而这个表层的形态，在这样单纯的结构中肯定无法得到解释。另外，文化总会在某种形式下发生变迁，从这个角度上来讲，支配性等于不可避免，也就不是一个静态的构造，它也终将会迎来自己的变革期。对于社会变革而言（且不至于说文化变革会先行一步），至少围绕文化中支配性部分的某种因素若先行发生变动，那么即将到来的社会中的支配性部分，或者说其形态应预先给予一定的描绘，哪怕并不是那么清晰。

以上对空间概念论的结构进行了简单论述，字面上来看难脱假定和疑问的口吻。而空间概念论的任务就是要将这些假定和疑问加以确证。另外，所谓"空间"，其涉及对象的范围最多也不过是以建筑为轴心的周边事物。若想把科学、艺术以及其他各种活动包含进来，只能期待它具备与之相应的力量。对于建筑师来说，过去的表现方式在实践中没有任何意义。但放到空间概念论上来，就必须要回溯到过去。这其中的矛盾作为一种缺陷，存在于理论各处，不过这并不是一种危险的暗示，而是现实。但是反过来讲，如果有效利用，顺利的话，也许可以用另外一种形式让过去重现光辉。空间概念论只针对已有现象的表现方式；而意识则会集中于即将到来的那一张素描图稿。为了画出这张素描，我必须正视现实，准确把握好推荐设计图的状况。同时我也希望这个过程能给自己的目光带来一些改变。

一

俯瞰现代建筑，历数众多建筑师之名，即便将学派的复杂系统图画出来，今后试图稳居这些理论中心的特定空间形态也不见得会浮出水面。避开专业的解释方法，从城市的居民或者旅行者的眼中去找寻现代都市的形态和特征，这样的做法，才是达到上述目标的捷径。可能到世界主要城市旅行过的人都会发现，每个城市都有共通之处，都会存在一种类型的建筑——那就是外围由玻璃覆盖着的，外观单纯的高层建筑。这些覆盖着玻璃幕墙的高层建筑，会给城市涂上一层国际化的色彩。这种类型的建筑越是鳞次栉比，城市就会显得越时尚。这类建筑的代表，在日本被称作超高层建筑，同类型的建筑物要多少能找出来多少。这种类型的建筑，在 20 世纪尤其到了后半期，开始在全世界主要城市出现。本篇便将对这种堪称国际化建筑风格，且直到现在依然最常见的建筑物形式进行论述。

这个类型的建筑物多为办公楼。它们外围玻璃的色调，支撑玻璃幕墙的骨架材料以及尺寸上的比例，这些方面的差异，可以说只是同一种形式下建造的多座建筑表层"妆容"上的差异。且建筑物外表，基本都接近立方体，时而玻璃面向斜上方站立，仿佛建立在一个单调的平面上一般。这种外形的差异，也同样只能看作是外观上的不同。这些在外观各异的建筑物，有以下几个共同点，而这些共同点实际上也决定着该建筑物的空间特性。（1）构造体以钢筋和混凝土为主要材料，呈由柱子和梁组合成的攀登架形状的立体格子形态。立体格子的水平面上铺开地板，外侧覆盖玻璃面。（2）某处必设置有便于垂直移动的电梯或楼梯。（3）针对室内各种各样的要素，比如光、温度、湿度、声音、风等的动向，可以进行人工气候调节。建筑技术方面特性也就不过如此。但是，从结果上来讲，最后呈现出的空间，又遵循了一个基本原则——与其他建筑的空间或自然空间完全区分开。简单总结如下：（a）建筑物内的任何一个位置，都拥有着基本相同性质的环境条件。另外，气候恒常，不受外界变化、朝夕或者季节变化等因素的影响；（b）能给建筑物内部带来约束的只有地板面和玻璃面（还有少量垂直移动的部分），因此，室内空间随意切割，即可实现领域的自由组合。各个领域中不仅气候条件均等，连形状、各类设备等因素也同样呈现一个均等的状态；（c）这些建筑物在相近的尺寸关系下建造而成，所以不管是在构建上还是在使用上，都极其合理。当然除此之外肯定还有其他特质，但这类建筑物的共通原则基本上可以概括为上述三点。当然，建筑是一种非常现实的产品，每座建筑对这三个原则的实现程度各不相同。反观这种建筑形式出现之前的建筑物，我们可以发现两者的性质又呈现出鲜明的对比。

古建筑形式非常多样化，多采用当地材料，构造上会考察结合当地风土人情，对自然的变化较为敏感。基本可以很好地与朝夕的变化，季节的迁移保持统一步调，当然不包括那些常年处于严苛自然条件下的地方。相比之下，这些新的建筑形式却完全隔断了与自然、外界的关联，而试图去重新开创一个独自的环境。另外，建筑中的任何一个位置的气候条件、氛围都几乎相同的情况，在古建筑中是非常少见的。相反，古建筑中，不同位置营造出的条件偏差反而是可以充分利用并带来不同意义的。对新的建筑形式而言，包括电源、电话等在内的环境条件不会因地点的不同而产生偏差，才是最理想的状态。因此，其内部才可以自由地划分领域。而传统的日本建筑在使用上就会有较高的变通性，典型例子就是，房间有其方向性，含有"座"（上座、下座）的意义在其中，不能随便乱用。在古建筑中，有这样一种倾向——人们会有意识地区分地点的差异，并将其转化上升到维持社会秩序这样一个意义层面上来，对其使用加以限制。且不论程度深浅，其存在向来是一目了然。新的建筑形式所采取的方针是先排除掉所有位置带来的偏差，如果有需要的话再重新创造出各个位置的特性。这样才能真正地实现自由划分。换言之，自由划分的实现需要两个不可或缺的条件，一是物理上的均质性，二是意义上的均质性。

古建筑中也调整尺寸的概念。每个地方都有其固有的建筑物生产系统，不仅是尺寸，材质的规格化也要经过测算。而新型建筑，规格越不规范，就越会往高处延伸。建筑物内的几乎每个地方都是在同一个尺寸关系下建成的。古建筑虽是建立在规格化的基础上的，但每个房间的大小都各不相同。这种以房间为单位的思考方式到新建筑这里却完全被舍弃，取而代之的只有层级单位，且各层的建立都遵循的是同一个尺寸关系。

以上简单对建筑物内部的均质性进行了说明。这种类型的建筑从另外一种意义上来讲也可以说是有均质性的。若想就这种类型的建筑进行阐述，只要是世界上的主要都市，在哪里都可以。我们可以从中挖掘出许多普遍性，如果把这种普遍性当作一种根据的话，甚至可以得出这样的结论：每个地方都可以适用同一种形式，既然如此，也就说明这种建筑也是存在均质特性的。也就是说，在一栋建筑内部可能就是因为抽离了其场所性，所以从建造它时不选择场所这个意义上来讲，原本带有自然特性的地点，其自然特性也面临了被排除的命运。之所以会如此，可能是因为，建筑内部的空间完全与外界隔断才算成立。正因为建筑物中有意义的那部分从建筑物本身被剥离，建筑物才可以同时与所处的地点所拥有的意义分离开来。举个例子，某座建筑带有某种特定宗教的象征性意义，那它肯定不能建在其他宗教支配的地方。建筑的一切上述意义就会从内到外被排除掉。这种类型的建筑物到底是建立何种空间基础上？双重的均质性在对此问题的判定上发挥着非常重要的作用。

关于这种建筑物在建造以及使用上的三原则所衍生出的显著特色，我还有一点想讲一下。之前说过这种类型的建筑多用作办公楼，其实就是因为它原本就是为构建办公空间而推出的设想，所以无可厚非，它是最适合写字楼的。事务型空间的宗旨就是需要根据时间和场合自由变换部门编组，所以划分方法没有限制，这种强变通性是大受欢迎的。建筑物用作办公楼，这只是其中一个代表性的使用方法。实际上不管一座建筑物中混杂着怎样的用途，或者哪怕其用途呈现着一种小规模循环交替状态，都并不会带来任何困扰。我们看一下使用实例便可知晓。在现实中，一座建筑物中就是存在着一些完全难以想象的奇妙用途及其空间组合。比如商住楼、杂居大楼等，这些俗称就很好地展现了这些建筑的使用状况。只要空间尺度允许，来者不拒，什么都可以容纳，仿佛万能建筑一般。

玻璃表层只不过是机缘巧合之下设计出的与外界的隔层。建筑物内部的等质特性是成型建筑物给予的初期条件。在此基础上，只要根据需要，架起第二道、第三道表层，划分出新的领域，创造出特定的环境条件即可。然而在现实中，输入输出关系会受到许多因素的制约，如建筑物规模、经济条件或周边布局状况等。所以一座建筑不可能永远保持万能的状态。但是，假如每一个用途都要单独配一座建筑的话，那基本上这种建筑物的形式便可将几乎所有的用途包揽承担。只要楼层架高，调整柱间，可以说不适合这种建筑形式的用途目前是找不到的。说极端一点，有了这种形式，其他形式都可以不要了。即便我们仅将目光转向新型的部分，也同样会发现，现实的都市中混杂着各种理由下生成的各种各样的建筑，并非是一个全部挤满此种形式建筑的状态。但是，在现代社会中，其实完全可以就此将建筑替换成这种形式。实际上，很多的建筑物都被替换成了与这种形式相近的建筑物，这种现象正在逐步推进。

如上所述，这种新型建筑通过对地点性的抽离实现了空间的均质性，并将其视为第一要义，那么今后，对于这种建筑物作为理念描绘出的空间形态，我们就称它为均质空间。这是一种将地点的等质性作为最主要特性的空间概念。（均质空间的概念将会在之后阐述清楚）但是，实际要建造建筑物时，上述基本原则在现实种种条件的制约下会面临被歪曲的命运，无法忠实地将相应理念具体化。再者，从均质空间的理念来讲，攀登架状的立体格子作为建筑技术性原则，将会是一种障碍。如果可能的话，其实更需要一种既没有柱子也没有梁，只有墙壁无限延展至远方的空间。只有表示位置的坐标出现在这个跨全宇宙的场所中，这样的建筑才称得上现代的空间样式。将这种理想化的均质空间物象化的操作，照目前来看还不现实。若要抛离建筑这个物质载体，去构建一个概念上意识上建筑的话，那建造出来的则是在宇宙空间中建立立体格子的坐标，并将所有位置的地点特性抹去的一种建筑。这种概念上的建筑，也许近代已经在某处建立起来了。现在耸立于都市中的玻璃幕墙建筑物，说不定就是这座巨大"空中楼阁"的冰山一角。

二

这种类型的建筑物的数量之多，以及其在国际范围的普遍性，有力地证明了以均质空间为理念的建筑在当今时代的支配地位。我们且把这种对数量的探究放在一边，尝试一下其他角度的论证方法。因为一座具体的建筑是包含多种含义的，若要判断它的建立是否以均质空间为理念，结论多少会留下一些不明确的地方。它不是数量以及普遍性可以验证衡量的。在文化上占据支配地位这个概念，是根植于质方面的特性，与量并无关系。

　　从这个意义上来讲，普遍性、普及程度都不一定是有固定量的东西。我们应该关注的重点有两个。第一，如何让一种兴盛的建筑形式，在其设计以及实现方法，或者说决定建筑物理想存在状态的观念性活动领域内，实现其独一性；第二，针对其他所有建筑物形式，要对分别扩散一事进行论证。这个问题之后还会再论述。这里要预先补充一点有关质的论述。

　　更加纯粹地将均质空间具体化的建筑物，将会有一个怎样的社会地位？答案显而易见。首先，位于各大城市的主要位置，或者相当于主要位置的地方的近代建筑物，几乎采用的都是这种建筑形式。如果是在高度上相较其他建筑有压倒性的优势的话，那么可以说，它更加纯粹地将均质空间的理想推向了具体化。另外，能成为决定一座城市的形态，确立城市构造主要因素的建筑，大多数都归实力雄厚的组织或掌揽大权的集团所有，供他们管理使用。恐怕这一点是无法找到任何一个例外的。假如不久的将来真的出现了例外，那即便这种建筑是巨大的集体住宅建筑，在当今社会体制还能继续维持的前提下，可能还会出现更巨大的强有力的城市要素，将集体住宅排挤到次之的位置上。

　　要想以一种更纯粹的形式将均质空间反映到建筑物中，有两个必不可少的条件。第一是土地，且必须是充裕宽广的土地。因受限于土地相关规制而去改变建筑物形态的话，形式的纯粹性就会打折扣。若再受到其他外界因素的制约，建筑物别说把自己与外界隔断，反而会受到周边场所固有力量的影响，也就是说最后地点特性将会体现在建筑物身上；第二是建筑物的规模，建筑物规模越小，外壁面、垂直移动部分的影响就会越突出，相对的，内部位置所营造的空间性质的均质性就会瓦解。具体来讲，结果就是建筑物的有效使用面积率下降。忠实地反映均质空间理念的其中一个条件就是尽量使内部空间脱离特定边界的束缚。因此每一层的面积越大，同时地面的重复数越多，均质性就越高。

　　若要在遵循上述两个条件的基础上，将均质空间投射到建筑物身上，巨大的投资是不可避免的。现代很多建筑物使用效率很高，也因此创造出了很高的地产价值，同时也遵循了均质空间理念。但因为经济上的理由无法满足上述两个条件，建筑物内部开始出现破绽，无法完全隔绝外界的干涉，最终离理念越来越远。越是忠实遵循理念的建筑物所有人、使用者，这类事态就越能左右他们的性格。从社会性来讲，它无疑是掌握在统治阶级手中。也就是说，以均质空间为目标的建筑即便是采用了这种形式，它在阶级意义上也具备支配性。

不过这里的使用者概念必须要明确。以建造这种类型建筑物为工作的劳动者同时也是使用者，那我们就说他们也是支配阶级，这未免有些荒唐。但是在现代，从属于强大组织的劳动者和从属于弱小组织的劳动者之间，实际是存在某种质的差异。特别是在夸耀着均质性的建筑中工作的白领精英们，与在均质性较低的建筑物上，比如在工地上干活的工人们相比，我们只能承认两者之间的阶层其实是有区别的。精英们承担着更加重要的管理责任。但即便如此，我们也不能就这样称他们为统治阶级。我们暂且这样理解即可：仅是建筑物的所有者和使用者不一致。既然如此，那自然就会出现一个建筑物的管理者。实际来讲，"使用建筑物"这种说辞所包含的意思，已经并不那么单纯了。将诞生于这个复杂结构中的"利用者"统一为"使用者"，以均质空间为目标建筑物的立足点就在于此。所有部分都拥有着均等的环境条件。从均质空间的这个特性来讲，我希望建筑物的使用者能记住一件事情——不管是手握组织决定权的上层人士也好，劳动者也好，原则上都是处在同一个环境条件下的。原则上来讲，空间上是没有高低贵贱之分的。

围绕使用者展开的讨论，想来都是有新意的。而在建筑领域，它是围绕功能这个概念展开的。众所周知，功能概念在近代建筑的形成过程中发挥了最重要的作用。从结果上来看，将结构图简化之后得出的结论就是：建筑师分为两个团体，其中一个团体执着于功能，另一个团体则对功能因素予以排除。回溯历史也会发现，矢量原本就具备着两头分级的特性。功能被赋予了很多含义，反而导致其意思更加模糊。时至今日已经变成了几乎没有效力的一个概念，但至少在建筑活动中，它代表着关系这层意思，这样的概念定位已日渐鲜明。首先我们对人类的行为、大自然的作用力做一个分组，并对应到空间装置中。举个例子，说到攀爬，我们想到的是楼梯；说到沐浴阳光或通风换气，我们想到的是窗户，就这样，各有对应。接下来，我们以诸行为之间的相关性、这些空间装置与自然现象与行为之间的关联为背景，或者说在空间装置特性的影响下，便可以设想出具备高度必然性的组合。这个操作相当于要在理想的生活状态与物体之间建立复杂的映射关系，其生成的结果就是建筑空间。

功能这个概念包含了很多含义，上述简单的说明并不能展现其全貌。可以说几乎有多少建筑师论述近代建筑，就有多少建筑师论述功能。虽然他们的论述大多都如雾里看花一般，并不清晰。但是有一个共通之处非常明确：执着于功能的建筑师都会忠实地信奉一种必然性，即，将建筑设想的人类生活更加直接地反映出来这个意义层面上的必然性。从这个意义上来讲，他们是合理主义者。他们对科学成果和设计的精进寄予厚望，试图开创出必然定式。作为其辅助项目，他们准备了许多巧妙的道具，不管是在研究方法上，还是在物体装置方面。

在执着于功能的建筑师们的业绩中，没有当前关注的事物。对功能的执着是他们自身在一种一知半解的状态下的一个追求。如果他们要主张某种必然性，应该是必须要经过对人类生活做设想这个过程。这也是他们唯一关注的一点。物体与人类生活的关联非常复杂，脱离物体的状态下是无法对人类生活进行设想的。因此，映射，也就是功能的示意图直到最后都不会清晰化。就算生活的设想可以鲜明地展示出来，也是一种错误的认识。但是从逻辑上来讲，当一座建筑物脱离设计师双手的时候，我们不得不认为，其映射已经完成了。这个时候设计师之所以会产生满足感，是因为他们认为通过建筑物假定设想的生活终于可以实现了。如此一来，即便规定宽松，一旦执着于功能通过某种形式设想人类生活的过程就会不可或缺。

问题就在于这一点，只要谈到功能，建筑师就会通过某种形式对生活展开设想。也可以说是通过某种形式决定建筑物的使用方法。更具体来讲，关于人类本质、社会本质的问题，越是优秀的建筑师，其回答就会越露骨。这显然是不会被近代社会所容纳的。对设计师而言，这原本就是一个做不到的课题。而决定这些事项的就是统治阶级。说明白一点，就是归属于建筑物管理者权限的事项。人类是什么？这个问题，某种程度上暂时还是不要问得好。执着于功能的建筑师们曾经有一段时期跨过这个门槛去进行建筑构想。当然最终没能成为近代建筑的胜利者。当时的情况下，其实胜利就意味着占据支配地位。

近代的胜利者们都没有涉足人类是什么这个危险的提问。想达到这个目的要怎么做才好。要想不问"人类是什么"就通过这一关，只要舍弃功能就可以了。只要把建筑物的使用方法交给统治阶级去决定就没有问题了。不问使用者是谁的建筑，才应该是受近代社会欢迎的建筑。追问使用者，且不得不去设想使用者生活理想状态的建筑师们，就是因为这个原因才会实现多样化扩散，实现相对化。而不去苛求功能的建筑师团体，则会去寻找一种空间形式，并将其普遍化。就好比排除功能的建筑师画坐标，执着于功能的建筑师会在这个坐标图上画出各自的图表。而这个坐标就是均质空间。

就这样，不问使用方法的建筑，换句话说埋藏着高度操作性的建筑、易于管理的建筑在现代大受欢迎。以均质空间为理念的建筑物有多么便利，身为管理者应该是亲身经历过并且知晓的。有一个已经融入我们日常生活语言中的惯用比喻"撤销墙壁"，这个行为其实很难实现，只要惯性还与这座建筑物有关联，这个比喻就是不贴切的。因为这座建筑物原本就没有墙壁。正是由于这种优秀的素质，以均质空间为理念的建筑才会在全世界的近代都市中普遍存在。

组织的管理者对均质空间的欢迎程度甚至超过了建筑师对它的喜爱。如果没有这样的社会背景，一种空间具备如此的普遍性，并占据城市要地的现象是不可能会出现的。工程费太低，与现代技术的呼应等理由还可以列出很多。即使理由千般，最后，因为它与社会的基本构造相对应，所以也别无选择，最终还是要回到这里来。操作性这个观念领域的特质，才是真正不可忽略的因素。对操作性的充分把握，才能使均质空间真正发挥支配性作用。均质空间作为一种建筑领域的发现时日尚浅，也许是这个原因，它的定位可能是这样一个结果：近代社会的需求所衍生出的空间形态，近代文化必然生成的空间概念。抽离意义性、地点性，将空间从自然中隔断，从而诞生的具可操作性的空间，其涉及的范围不仅停留在建筑物这个层面上。

三

　　那些更加优于均质空间的高层建筑，它们表面上那层金属或玻璃格子确实美观，无法反驳。确实大多数这类的建筑并不会让人觉得那么美丽。但是有些建筑内部会做得极其漂亮。这里并不是要对以均质空间为理念的建筑进行感性方面的论述，但有一点可以肯定：这种建筑形式所具备的美学确实受到了广泛的支持。否则的话，它也不会有这么高的普遍性，统治阶级、建筑师也不会不厌其烦地去建设。可以说这种形式因为不限阶级不限职业，所以在美学上获得了众多的支持。如果众多的人认为它极其丑陋，它也必然会渐渐衰退下去。且原本这种类型的建筑呈现给人的就是一种淡然的表情，很难唤起人们对美丑的判断。再从"性格"上来讲，这种建筑不管是在设计的阶段还是在施工的阶段，都不会留下人工的痕迹。换言之，一看就是机器造出来的建筑。设计师因注重设计，而留下人工痕迹，这种情况，最容易导致这种建筑物留下美学上的破绽。这种建筑物在设计上的技法就是尽量抹去人工痕迹，也就是某些感性的展现方式。我们不纠结细微的设计技巧，总结一下可以发现：只要忠实遵循均质空间的理念，即可在某种程度上保证建筑物的美观。

　　很多人称这种美为抽象美。对此，目前不需要更准确的说明，以抽象风格描绘均质空间的美学背景反而更忠实于历史。那些抽象艺术家们，包括超现实学派本身都呈现着分歧以及相对化的状态。均质空间是否在抽象概念这个范畴内，这个我们之后再论述，先尝试将均质空间和抽象概念联系起来。

沃林格尔、康定斯基等，是人们试图在近代文化中给抽象概念定位那个时期的艺术文化根基。再回溯到更早的时期，我们还会发现：当时的艺术风土中孕育着对普遍性的憧憬。从另一个层面上来讲，也可以看作是对科学的憧憬。抽象是一个可以将人们对其普遍性的憧憬，在美的领域加以实现的概念。也许可以说，沃林格尔是第一个出现的有力的中间人。他常说"抽象合法规则性""必然性"，仿佛已把数学、几何学归到美的范畴中对两者进行谈论。艺术表现方式中也有与科学、数学等相同性质的普遍性，它根植并产出于抽象冲动。也可以算是给了之后的艺术活动一封保证书。但是让我觉得不可思议的是，科学和数学等是在经过了某种验证之后才获得普遍性的，与此相对，美学又是以什么为根据来主张普遍性的呢？这一点，想必拿出很多例证也无法得到一个明确答案。然而艺术之所以不会失去艺术本身的立场，是因为，首先假设它的验证过程是可行的，那么其展现过程本身就是艺术的表现方式。

不管怎么说，抽象这个概念一经提出，艺术的展现也更加尖锐。也许就是从那个时候起，艺术家、建筑师开始喜欢上了使用与当今文化、现代文明，时代需求等有关联的语言，开始学会展现强烈的时代意识。他们试图把时代文化揽入自己的作品中，我们理解他们这种意识，但即便如此，也不得不承认文化已经成型，而他们的行为，会让人感觉到一种与成型文化相靠拢的意味。作为前提的文化之型，是一种在科学基础上构建的文化。这种文化的特性存在、统一于自然科学法则，无关个人、民族、风土、地点等因素而存在的事物相关的记述中。这种记述，是对提取具体物体或现象共同点这一操作的记述，其对象不是具体物体或现象本身。这种自然科学法则的记述方法，为之后的艺术活动提供了很好的范例。（只是，这个时候补充说明，并不代表我给"艺术模仿了科学"这种说法添加了多大的分量。这里只是为了讲解方便，而将意思概括成了"自然科学先行发现了表现方法",而表现其逆向关系的情况应该还可以提取出很多。所以,自然科学主导的文化——这种说法其实是无意义的。将各种活动并存在于同一个基础上的状况予以展现,这是空间概念论的长远目标。)

康定斯基提出了更为具体的方针。他首先总结出表现形式上的三个层次,即个人、民族·时代、空间·时间,然后设想出超越这三个层次的事物,并主张艺术的表现形式必须要穿越个人、民族、时间,展现永恒的事物。这简直与(复杂的观测和记述的问题表面化之前的)科学的表现方法如出一辙。同时,他通过艺术领域的抽象采取了将遵循特定地点的表现方式,遵循特定意义的表现方式排除的姿态。抽象艺术会不断汇聚各种各样的表现方式,但这两个原则至今为止都一直被遵守着。我们通常将具象和抽象放在一起,通过这样通俗的对比可以发现,非对象性作为一种抽象手法非常重要。乔治·里奇曾提出,这种非对象性很早就已经在美术领域被意识到了。他将非对象性当作构成主义的源流进行描述,而将这种做法推广应用到抽象艺术领域也并非难事。意思就是说,要将附着于具体物体上的所有意义都切除掉。在具体的物体中,其所处的社会所带有的习惯、历史过往,以及属于这个社会的个人思维、价值观等,它们的意义都在无限持续着。准备好一张从这些意义中解放出来的画布,才是超越个人、民族、时间的基本条件。

原本就脱离意义的几何学图形、色彩本身,或者失去意义的具体的物体、从物体中剥离意义的行为等将会被展现出来。比如,最初的形态发挥造型语言的功能。这种想法会被以纯粹主义的方式表现出来。如未来主义那样想把动态和运动表现出来的倾向,也同样试图展现脱离物体的通用规则。如立体主义的解体和再构成,如达达主义的题材等。这里不需要重复解释现代的造型艺术。造型艺术是抽象这个概念的起源,它极大地丰富了抽象的表现范畴和广度,时至今日仿佛正在建立一个独特的世界。

其展现出来的整体,会对人类本质追问到何种程度。至今为止,这个问题都显得有些陈腔滥调。如果硬要深究这个问题的话，我们会得出这样一个结论：试图将这样的整体展现出来，这就是人类。从理论来讲，又从展现出来的整体或者部分中感受美的，就是人类。确实抽象艺术是普遍存在于国际社会的，而且开创了极大盛况。排除掉追求极其尖锐的表现方式、行为的部分，可以说目前抽象艺术在文化上占据着支配地位。之所以能占据支配地位，首先是因为无论在什么领域什么方面，这些表现方式都是美丽的，而感受这种美的力量，虽然就如我们当初预期的那样，并不是所有的人都具备，这个且不论，至少大多数人可以共享，这一点是毫无疑问的。对美的感受，并不是所有的人都有着共通的能力，原本只要这个条件不满足，那么穿越个人、穿越民族·时间这件事也就是不可能的，抽象美的概念也是不成立的。关于这种能力，人类试图主张其同一性，并成功实现了这个主张。但是，人类不能忘记，实现同一性的时候，同时也意味着丢失了地点性和意义性。（然而，关于意义的剥离，还存在着意义的再构成这个商讨，因此，原本是每个作品之间都需要更加严密的区别的）。关于这一点，论述人类的方法，还停留在不记述物体的整体性就去提取共通性的自然科学的记述方法层面上。

我们可以将以均质空间为理念的建筑，看作带有抽象美的一系列的具体作品，其之所以能得到众多人支持的理由，也基本上涵盖在至此为止的叙述中了。这种建筑在抽象程度上要远远高于其他建筑。从这个意义上来讲，称它为抽象建筑也未尝不可。原因在于，在至此为止的论述范围中已经得以阐明的均质空间，它和抽象艺术之间有相当大的一部分是重合的。然后我们把抽象艺术作品看作一个点，看作多样化作品集欠缺地点性和意义性的点的集合，这时候，虽然不是很明确，但可以发现，这个集合所展开的空间似乎与均质空间极其相似。因此，以均质空间为理念的建筑是抽象艺术的其中一个要素，抽象艺术和均质空间也许就处在同一个相位上。

四

近代建筑最终还是选择了抽象这条道路。但是没有必要把抽象这个概念看作语法上不可或缺的词语。瓦尔特·格罗皮乌斯就不说抽象建筑，而说"国际建筑"。其理论构图与刚才讲到的康定斯基的抽象艺术构图几乎相同。他提倡绘制出比个人·民族·人类三个同心圆范围更大的，更具包容性的人类的圆，并进行建筑活动。"国际建筑"比抽象艺术更加明快。对全人类都有贡献的建筑形象是什么样的？首先要以科学技术为基础。其次，目的和形态的对应经由美学理论指导和锤炼得以具体化。这个主张诞生于 1925 年，那之前实现的建筑群中，已经可以看到似乎从个人、民族以及地点等因素中解放出来的造型上的征兆。这些征兆确实看上去可以适用于任何地点，任何社会。从这个意义上来讲，"国际建筑"堪称截至当时的建筑活动近代化的集大成者。这里我们不对"国际建筑"本身进行论述，而是要对之前准备的几个基础理论做一些概念上的解释，这样比较容易理解。因为在上述各理论的基础上，已经有了成型的具体建筑。"国际建筑"又是在这些具体建筑的基础上被提倡出来的。近代建筑因合理主义得以实现国际化，集大成者的立足点就集中在这一点上，而何谓合理主义，也已经在之前的各个理论中予以点明。只不过这些基础理论互相交错不可分割。可能也正因为如此，这种建筑才得以概括为"国际建筑"吧。现在我们建立五条假定的轴线：（a）目的建筑论，（b）无装饰建筑论，（c）机器美学——功能论，（d）构成主义或者说与之相当的超现实主义表现理论，（e）工业生产理论。大可不必太在意这五条假定轴线的准确性，因为它们基本涵盖了当时的主要潮流。

目的建筑论的主旨是，建筑的建造应该与目的相匹配，只有与目的相匹配才能展开建筑工程。这里的目的，指的就是用途，以及具体的要求。但是这个看似极其理所当然的主张，其实并不是没有问题的。目的建筑论有一个信仰，那就是：目的是可以把握的，且目的又会因建筑本身而更加充实。这个信仰的背后隐藏的意义便是对应某种目的的建筑必然拥有与之相应的形态。之后均质空间的理念在历史长河中逐渐明晰，它便对这个信仰提出了尖锐的批判。但不管怎么说，目的建筑论之所以能成为"国际建筑"基础的一部分，原因在于，建筑本身是一个桥梁，它将目的以及对目的的充实这两者联系在一起。而这种桥梁角色，在任何一种场合都是普遍成立的。无装饰建筑论提出了一种假设：随着文化的发展，装饰将会逐渐消失。他们主张将一切附加的展现物体全部从建筑中去除，广义上来讲可以看作是向形态单纯化的靠拢。从设计的角度上来讲，可以说再也找不到这么具体，且能这么实际地将效力发挥出来的理论了。随后装饰很快从建筑上消失，速度快得惊人。很明显，这个主张中所蕴含的本土性或者说对意义性的抽离，成为"国际建筑"的根基之一。比如，若地域性或某种传统的展现物体也如装饰一般存在的话，那将会给主张建筑国际同一性的进程带来阻碍。

机器美学——功能论的系统中，蕴含着很多的主张，从性质上来讲，即便仅记述其概要，也需要经过一个很庞大的解释过程。这里极其简洁地概括如下：合理地建造的建筑，如机器一般丝毫没有多余和浪费，同时各要素又准确结合在一起的建筑才是美丽的。这种建筑拥有上述美学上的保证，他们认为这样的建筑是可以建造出来的。但是如何实现这种可能性，他们最终没能给出明确的答案。从构想的层面上来讲，建筑物和人类生活实现对应，并被分解成几个要素，然后各要素被赋予如最初形态一般的造型语言形态，那么这些要素之间的必然结合将会经由人类生活和形态得以实现，可以说已经衍生出了一种不可动摇的整体关系。人类生活与要素的关联，必然性的结合的提取等因素中存在着科学技术性质的技法，这自不必说，建筑固有的方法也是一个推动力。因此，虽说这种方法具备合理性，但并不代表设计以及计划就只需像例行公事一般，直接套用到提前设置好的机械装置上去。建筑是要经过锤炼的，其推敲过程不可或缺。这是部分和整体之间的终极关系，也是人类和物体之间的必然关系。而"功能"

这个概念，其中就包含着将其实现推向可能的过程。这个构想经由勒·柯布西耶得以完成。期待这种想象力发挥作用的构想究竟能不能称为合理主义尚存疑问。但至少近代所展现的态势已逐渐清晰，这点是非常明确的。可以说特别是当下时代中的"标准"的可能性，支撑起了"国际建筑"。这里讲述到的功能论，只是围绕功能而得以完成的其中一个事例。随着时间的推移，这样的构想之后是否依然在"国际建筑"中有所体现，就难讲了。但是，这种见解在当时的确非常普遍。

　　构成主义的态势跟功能一样，它作为一种思潮渗透进了建筑活动。当这种倾向达到高潮的时候，"国际建筑"就出现了。表现手法上的形态的单一化，要素主义并非只有形体的物体所具备的性质，作用于物体的各种因素的整理和处理方法，形态的组合方法——构成主义倾向的主要作用就在于，指名上述因素的方向。因此，有关建筑的各个条件将经由一个原理性的方法得以实现操作。方法这种东西是从对现象的本质性分析中得出的，因此它不会受特定环境条件的左右。造型的方法如同科学领域的测定，都拥有原理上不会改变的定式，衡量标准不会因为场所的改变而改变。也就是说构成主义的态势就是，试图将空间操作的远离打造成先验。"国际建筑"并非全部主张空间处理、造型方法被设定为先验。但是，方法会因个人、民族的条件改变而改变。那时候就需要重新探讨人类共存原理这个问题了。

　　建筑的工业生产理论主张将优质且低廉的建筑广泛推广向全社会。这种主张超越了围绕设计展开的各种论述，可以说是整个社会的一种必然走向。但是，因为建筑是一种要大量生产的产品，因此它必须要单纯化。即使相似的建筑布满大街小巷也并不碍事，这一点必须事先搞清楚。此外如果有必要避开单一化，工业生产必须保证不集中于同一种单一的建筑样式。"国际建筑"时期，这方面的理论准备、实践准备都不完备。建筑在形态上纳入工业生产的条件，被注入无装饰论、构成主义等理论打下了基底。那段时期根本没预想到会发生严重的单一化现象。当时工业生产坚信与地域无关，只有这样才能经由合理技术得以实现，完全没有想过建筑会收归于同一种类型。时尚的设计固然会带有国际化倾向，但至少建筑物是会因用途而不同，也会因规模而不同。就如之前论述到的，最重要的一点是缺少像因果律这样明晰的决定论。各个理论都试图终结于一元化，但最终还是因为不够果断和明确，所以对单一化的担忧并没有成为太大的问题。不如说比起这种担忧，人们更期待在工业生产化的带动下，包含生产过程的合理建筑能列入日程中。不用说，原因在于工业生产的方式会反过来对建筑的设计进行规定。生产方式的同一性之后不久便经由现实中的现象得以明确，也成为"国际建筑"强有力的基础[*]。

[*] 目的建筑论的主要人物之一是奥托·瓦格纳（Otto Wagner）。而将目的建筑论进行汇总整理的是阿道夫·贝内。阿道夫·贝内（Adolf Behne）在《摩登机能建筑》（*Der Moderne Zweck bau*）（1928）中认为每个建筑师都提倡了建筑的合目的性。

无装饰理论的代表人物是阿道夫·路斯。他在《装饰与犯罪行为》（*Ornament und Verbrechen*）（1908）这篇文章中论述道："将日用品上的装饰剥离就意味着文化的进步。"无装饰理论与机器美学有所重合。因此，许多建筑师主张去除包括装饰在内的，与目的性没有直接关系的建筑表现方式要素。但是，装饰其实是有自身的意义存在的，又鉴于阿道夫·路斯在近代建筑领域所发挥的重要作用，因此他的理念又被看作了一条独立存在的轴线。

机器美学——功能论的代表人物是勒·柯布西耶。这个理论的源流路线原本极其复杂，但后来之所以变得简单明了化，可以说得益于勒·柯布西耶。此外，将美学上的功能概念进行了完美解析的是中井正一。关于功能，时至近期很多建筑师开始对其有所言及。菊竹清训提出："空间将舍弃功能。"本篇论述中也有"排除功能""舍弃功能"等措辞，但并不是说所有的空间都适用，而是想表达"均质空间是从不考虑功能这一点中衍生出来的理念"这个意思。均质空间内也同样组建着各种各样的功能。

　　构成主义这个概念范围有些广，它不是提倡构成主义的人们独有的。理论上讲，参与荷兰风格派运动的人们在建筑上发挥了主要的作用。亦如本文所述，荷兰风格派运动的存在意义，并不在于他们的理论内容，而在于他们提出了建筑的方法也可以客观化这一点。之后，里特费尔德（Gerrit Thomas Rietveld）设计建造了里特费尔德的施罗德住宅，才使得方法的主旨得以彰显。

　　建筑工业生产理论中，穆特修斯、彼得·贝伦斯等人发挥了主要作用。

　　如上所述，"国际建筑"是在进入 20 世纪之后，近代建筑理念形成后的大半积蓄基础上被提出来的。它与抽象理念同等相似，理由之一是，两者都试图首先从地点的特殊性中解放出来。甚至可以说，论述近代建筑时提出的五条轴线，都是以这点为目标，谋求建筑个性的理论武装。为了避免复杂混淆，我并未提及未来派、表现主义等流派的思潮。他们将运动、动态等定位为表现方式的原点这一点，其实与五条轴线相同，同样与遵循地点的理论并无关联。同样，理由之二：两者都对依据个人差异的表现能力、感受能力予以排除。不管是在艺术活动中，还是在建筑活动中，个人都不是被否定的。但是若着眼于时代性的相同，我们又会发现，每个人都有共通的表现能力和感受能力。而表现活动又只能在这种共通性上立足。这样形成的文化才是他们追求的文化。与先行一步占据了稳固位置的科学实现同化，知识性活动统一于同一种文化的前景已可预见。

　　在"国际建筑"的阶段，抽象艺术领域提出的非对象性，在建筑领域指代何种过程或者说方法，还没有定论。但是，非对象性将在建筑领域产生的效果，比如为确保意义或故事背景从表现方式中脱离的理论准备已经做好。从以建筑为对象的人类和物体两者中，将具体性剥离到底有何意义。的确，如果把人类看作超越个人、民族的人类，那对象就已经不是具体的人类了。因此，非对象性的效果就显现出来了。但是，建筑是没有物体就无法生产的，所以我们无法直接考虑说将具体性从这个物体中排除出去。当然，这样已经偏离了形态要符合材质所带有的特性，符合材质本身这样的想法。但是，意识已经转向最初形态上可进行工业化生产的材料。这时，建筑已经从本土性、传统等具体性中解放出来，但尚未如抽象艺术的非对象性那般明确。

时至今日，这种不明确终于得以明了。在建筑领域等同于抽象艺术非对象性的原理是主张舍弃功能，不以功能为对象的计划原理。这里我们复习一下在建筑领域使用的功能这个概念。功能这个概念有时很容易和用途、目的等混淆。理论上讲，首先，它是和人类生活、物体放在一起论述的；其次，这个概念还会涉及关系。建筑是一种将物体的理想存在状态和人类的理想存在状态联系起来的操作。而功能会对这个关系做出指示。从建筑的传统说辞上来讲，很多人会将功能和形态对应起来，建立命题，进行改写。但是功能这个概念不一定会用在这种组合中。功能既可以从实际存在的物体中提取，也可以用语言或记号来表示。用途、目的可以呈现功能性的表现状态，同时，我们也可以仅对物体的理想存在状态予以功能性的展现。但是如若真的要将功能这个概念应用于实践，那么这个过程中最有趣的一点，当属物体的理想存在状态如何作用于人类生活，或者如何规定人类生活。之所以有许多人试图建立功能和形态的对应关系，目的就是想把这个关系搞清楚。

从围绕功能概念的所有关系性中解放出来的建筑，不久便从"国际建筑"中脱颖而出。这种建筑就是不将功能对象化的建筑，也就是以均质空间为理念的建筑。这种建筑才是唯一一个国际化建筑形式，后来占据了支配地位。在多如繁星的抽象艺术作品中，接近均质空间这种形式的作品是否存在，这个问题我们且交于专家去判定。而对抽象而言，表现方式的最终目标其实也同样存在于均质空间中。

五

1919 年以及 1921 年，德国建筑师密斯·凡德罗公布高层建筑模型。这两个模型，基本是相同内容的建筑，也是耸立于当今世界各地城市中的玻璃幕墙高层建筑的原型。从将均质空间理念物象化这个意义上来讲，这也可以算是近代建筑的里程碑。这个空间叫作通用空间。这种空间的基本特性可以列出以下几点：用途方面的极高灵活性；因采用钢铁、混凝土和玻璃等素材，所以对工业化有很强的快速适应性；以及"少就是多"这个美学上的立足点等。他主张这才应该是现代建筑。继格罗皮乌斯之后担任包豪斯校长的密斯遭到了纳粹的追击，逃到美国，并在模型提出约 25 年之后，将多少有点表现主义的模型进行了纯粹化处理，并以此为基础建造了一栋真正的高层建筑。之后，这种类型的建筑便开始不问地点，处处建起。*

*当时的密斯，他的意识正专注于事务所建筑。之所以有如此行为，原因可推断如下：首先着眼于事务所建筑，若这种空间的特性可以适应其他更多的建筑，便可以拿着这个结论去赢取更广泛的普遍性。普遍性的建筑的形象，比合理主义的源流还要古老，甚至可能要追溯到申克尔那个时期。众所周知密斯是申克尔的信徒。密斯当时的主张重点在于对形势的排除。密斯建造出了优秀又形式化的建筑。他的主张乍一听似乎让人很难认同，但是他排除的形式，就是与用途对应的个别的形式，他一直在思索和构想的，就是这种超越了上述个别性的建筑。

虽然世界范围内存在着很多密斯的追随者，但他自身的建筑，才是最能纯粹地展现均质空间理念的。密斯对经他手建造的所有类型的建筑，对建在任何地方的建筑都应用了通用空间。他对这种空间形态的贯彻，着实令人叹服。"国际建筑"因为理论上不明确，所以似乎看上去还可以包容更多样化的建筑形式。

但是，随着密斯的建筑的普遍化展开，"国际建筑"所指代的建筑，既不是提倡者格罗皮乌斯自身的建筑，也不是围绕五条轴线展开苦战恶斗的建筑师们的作品了，而是密斯的通用空间。仅此而已，而这一事实也逐渐明了。目的建筑论中存在着对目的把握及其补充，而通用空间则废弃了这种考量。原本，目的的补充这种操作就存在着可行性的疑问。为什么？因为将所有的人类生活进行计量化，这基本是不可能的。而在计量化之外，再将目的客观化，这也是做不到的。这个道理也同样适用于充足性。人类居住的建筑以外的建筑，比如仓库等，其充足性就可以实现客观化。但是，建筑不涉及人类生活的例子的确比较少。而密斯则完美地避开了这个难题。他针对无装饰建筑论及其衍生理论，通过之前提到的美学，提出了一个总结性的解答。他从建筑物内的所有地点中，将限制这些地点的所有附加物予以清除。装饰等自不必说，最后剩下的空间中，几乎可以说已经没有什么东西能再清除了。但是密斯在增加建筑设计数量的过程中，曾经有一段时期试图追求一种更单纯的表现手法。对机器美学——功能论，他又将其完全排除，并由此提出了"标准"。很讽刺的是，功能主义者所追求的"标准"最后得以完成，但它的成就，却恰恰是在舍弃了功能概念的瞬间。对构成主义者构想的方法的确立，对先验的方法的所在，他表明了一件事情：先验性不在方法中，而在空间形态自身当中。他证明了工业化理论在现实的生产现状水平下，是存在国际同一性的。

如上所述，密斯的建筑对被看作近代建筑课题的几乎所有事项给都出了自己的结论。结论的引导方法，并不一定是直接的。针对一个课题，与其直接回答它，有时不如跳过课题本身。那其中自有创作活动的乐趣。但是这种跳跃，需要行为人有超常的直觉，同时之后也会感受到其中的必然性，也算是一种遵循时代的感觉所给出的结果。建筑师都明白，建筑物仅靠理论是建不起来的。不仅建筑物，对任何工业产品而言，科学、理论都不是唱主角的。主角永远是物体。物体自有其逻辑。物体有着语言不可还原的丰富含义。特别是，当把物体视作社会性语境下的特定物体后再赋予它形式时，它会发挥出使陷入混乱的思考体系瞬间清晰起来的力量。密斯的建筑就是一个很好的例子。

"国际建筑"的理论和密斯的建筑之间有一些对立的事项，这个且不论，但如果把两者看作相辅相成的关系其实也并无大碍。而两者的共通部分，依然在三个同心圆构图中，也就是说，在人类形态、社会形态中。这句话与物体都主张，人类都是相同的。抽象艺术通过艺术形态主张人类是相同的；国际建筑通过建筑形态主张人类是相同的。也许，科学发出的这种主张，其他领域也都已经有所言及。即，这就是从人道主义转至民主主义的近代的主流人类形态、社会形态。个人烦恼于各种各样的社会羁绊，民族苦于先进国家和落后国家之间的矛盾，总之人类都是平等的，自由的，也就是说，都是同等的。宣称人类都是相同的这个主张，在现实中究竟有什么意义？这个且不论，人类形态、社会形态在文化中反复、共享、占据支配地位，相较这两者，物体的理想存在状态却已是既定的了。我们假设一种不具支配性的人类形态、社会形态，并使物体向其靠拢，那么会发生某种抗争，或表现方式上的障碍。要想完全解除这种表现方式上的障碍，只有在规定物体理想存在状态的文化整体发生变革的时候。一个文化整体的动态中，存在着与占据支配地位的人类形态、社会形态保持同步调的形态，反过来讲，若某个领域的表现方式想占据支配地位，那只要不以这个形态为基础，物体就不会对表现方式予以支持。当然，一般来讲，观念、物质都进行着某种社会性的运动，并不一定会有上部下部实现统一，平行活动的情况。但是，进入 20 世纪之后，在西欧领域出现了上部构造和下部构造步调统一的状况。抽象艺术、国际建筑在这样的趋势中，正确地选择了自己的立足基础。当然是在"自己在文化中逐渐占据支配地位"这个意义上。

就从人道主义向民主主义过渡时期的人类形态来讲，人类都是相同的这个平等原理被先验设置，而将这个原理推向具体化的过程就要交于自由概念去实现了。其背后自然有复杂的逻辑，这姑且不论，而现实中可以体验这种逻辑的情况很多。"国际建筑"和密斯的建筑这两者，就是将这种构造在空间方面表现出来的范例。针对平等原理，它通过将所有人所处的空间均等划分予以应答。针对自由概念，它对所有的关系都不做本源性规定，并通过对功能的舍弃，仅让丰富的空间变化的可能性参与对应。然后两者就被呈现出了一种不可分割的状态。这种遵循更具包容性原理、理念的空间，并不一定是在意识着原理、理念的基础上诞生出来的。之前论述到的五条轴线不如说是建筑活动领域固有的课题，而密斯的建筑和"国际建筑"则是围绕五条轴线展开的发展过程的一个归宿。也就是说，在这里，假设是这两种不同的研究要构筑文化中的支配性层面，说明它们所带来的文化活动的归宿，也看到了在根基上共享同一个原理或者某种公理性的东西的可能性。

功能主义在主导权争夺战中彻底败北。原因何在？用一种通俗的说法来讲，在于他们的过度深究，在于他们的过度介入。他们认为，建筑的"标准"存在于对人类，对社会本质的透析中。从近代社会的构造上来讲，团体的理想存在状态、人类生活等部分本应归于自由领域，而由于上述原因，他们却将这些因素分解成了几个范畴，并将它们进行了重新组合，这种行为，显然是多余的。此外，他们又因为骨子里的浪漫情怀，所以无法构想出新的社会和人类，代表行为之一就是他们对中世纪聚落的效仿。他们对当今时代性过于在意，所以一直在追逐时下的物体的理想存在状态，而涉及人类形态，却又回溯到过去。这样的分裂确实令人匪夷所思。在功能主义指导下诞生的建筑，总归是带有极强的约束性，它在某个空间领域的行为都是被指定好的。因为关系性与建筑的决定性因素是息息相关的。现代社会是近代社会的延续，在现代社会，对于这种行为应该怎样操作这个问题，做先验性指定乃是大忌。

不只建筑，避开对行为的指定这种潜在意识，在各种文化活动中都发挥着它的作用。这种潜在意识源自自由概念，同时也是文化活动参与者们的明哲保身之术。我们回想一下近代艺术中几个令人印象深刻的表现手法，如自动书写、行动绘画、偶发艺术、偶然音乐、初始艺术等。这些都遵循着一种形式：在某处刻意避开对具体行为的指定，许可其"参加"，但忌避意义的限定性，只提供一个场合。若反其道而行，偏要直接展现行为、意义的高度限定性，那也许能获得一时的辉煌，但绝不会步入主流的行列。功能主义者就是因为犯了这个大忌，才导致了彼此的对立。换句话说，他们只发挥了一个管理者的作用。

　　均质空间是如何为管理创造并提供有力场合的，这个问题在前面已经有所论述。能以建筑为媒介，决定行为形式的，是拥有自由的人。"国际建筑"，或者说，作为均质空间理念的物象化结果的建筑，建筑师在建造它们之前，就对居住人进行了设想，就是拥有自由的人。他们明白了一个道理：因为所有的人类都平等地拥有着自由，所以全人类都是相同的。但是，从一种善意的角度上来解释——他们完全没有想到居住人是没有自由的。建筑师的特性就是不敢直视现实。不管是密斯，还是格罗皮乌斯，还是其他的追随者，我们只能认为，在他们的概念中，这个世界上根本不存在阶级；又或者在某些情况下，他们说不定在"国际建筑"中窥到了超越阶级的建筑也未可知。如果真的是这样，那只能说他们根本没有理解阶级的概念。为什么这样说，因为在实践层面上，均质空间是被统治阶级占据的。

　　阶级概念的缺失，仿佛是艺术、建筑活动的通病。例如，至今仍把密斯看作多如闪耀繁星的建筑师中最卓越的一个。这种批判的出现，同样也完全是因为缺乏阶级观视角。从他们对"支配性＝不可回避"的构造进行探求的态度上来看，这样的相对化是无可容忍的，只有密斯一个人是近代具支配性的建筑师。但是，就现实中的经济社会现象来讲，要想用它来奠定这个主张的基础，又缺少足够的说服力。近代最具普遍性的空间形态，只能是均质空间，要想探讨这个观点，应先暂时脱离建筑这个"载体"。

六

均质空间明确地出现在建筑的层级中，同时也应该出现在了规模扩大的城市背后。而实际中的城市，有时会让你觉得，跟作为独立个体的建筑物相比，它所包含的关系远更加错综复杂，完全想象不到均质空间的理念就在它背后待命。甚至看上去是相反的非均质空间。因为很多城市，我们回过头去近代以前追溯它的发迹，便会发现，近代就是在这些古老的部分覆盖下形成的，然而城市的大部分都还没有实现近代化。可能就是因为居住环境还没有完全步入近代化的轨道，所以制度方面也同样还残留着近代之前的残枝败叶。

但是，即便是这般复杂的城市，也明显可以通过现象指出其中的与自然的隔离，以及对地点性、意义性的抽离，继而以此为理念去透视在它背后待命的均质空间。这并不是不可能的。要想做到这一点，就要从构成城市的种种空间要素中，将移动性，也就是交通系统抽离出来，添加到这个概念中，尝试去探究并知晓人们如何感知空间，这才是恰当的做法。

城市中出现了以汽车为代表的各种各样的交通设施，并由此产生了巨大的变化。人类自古以来就倾向于固定在某一个地方，并展开生活。游牧民族是特殊例子排除在外。但随着交通设施的出现，移动的生活又成了人们的习惯状态。但是这个变化来得太突然，形成城市空间的理论、手法都还没有做好万全的准备，城市的移动网络就已经开始自顾自地铺展运作开来。因此，某种意义上讲，城市形成的理论、方法完全是被现实的瞬息万变牵引着的，根本没有有效地发挥支配作用，且时至今日都不敢说可以避开这个倾向。

城市各有不同，规模有大有小，历史有远有近，近代化程度有深有浅，不能一概而论。但移动的活化，以及随之而来的就地点而言的近邻社区的瓦解是相同的，这点毫无疑问。这两个现象是二元关系，也许很难讲哪个先发生的。显然，不等待交通设施的出现，移动就没法趋于活化，但即便如此，也很难说这会直接导致地域性社会团体的瓦解。地域性团体若真有意愿保全这种秩序，那即便是再活跃的移动，也都应该出现了相应的空间上的补缺。近邻社区期待与移动的活跃呼应，并实现瓦解。这种近代社会的意志如果没有发挥相应的作用，那么这样的现象也就不会发生了吧。

20世纪30年代之前，世界各地的建筑师们提出的构想，虽然已经将移动的高潮这个因素考虑了进去，但人们依然将近邻社区理论看作是城市形成的基础。住在城市里的人们，首先会占据一个自立的场所，然后在这个场所内部共享中心、核心因素，进行全人类的交流。于是，这样一种中世纪式的城市形象就逐渐建立起来了。而同时，在这种构想的基础上，城市空间的研究也随之向前推进。但是随后，一个事实也逐渐明确——现实中的移动能力剧烈增大，远超他们的想象，预想中的那种社区构想简直就如天方夜谭。居住在城市中的人们，他们的行动非但没有根植于某个地方，反而使这个地方的边界越来越模糊。

到20世纪50年代，在城市中建立地域性社区的构想已经失去了可能性，社区理论中不现实的因素也开始遭到批判，可自由形成的功能性理论团体应运而生，将其取而代之。人们的思维实现了一个转变——城市构建的计划，应该要给这种团体的形成提供最大的机会。因此，需要构想出一种拥有高自由度的，同时兼具移动性的城市形象。此种情况下，设想出来的是在某种目的驱使下形成的团体。而这个团体形成的原因可以说已经不可能与空间实现对应了。此外，这样的团体会形成于城市的哪个地方也不明确。那么，这些团体相互之间处在一个什么样的立场关系上，又有着什么样的意义，这两点，也就无法与城市空间实现对应了。极端来讲，城市就是移动网络本身。

从定性城市空间的角度来讲，这样的变化其实意味着一种相当基本的转换。何谓城市，城市就是对团体性活动场所的指定，以及这些场所中的组织性秩序构建，当领域之间的边界不明确时，它又是彼此之间建立对应关系的秩序。而准备这些边界不明确的空间领域的操作，具体讲就是建筑层次上的均质空间。

如果我们说建筑物有着特定的作用和意义，那移动网络则会随即将城市的关系固定起来。而在内部不指定一定关系的成立，也就是说，如果没有抽离了功能的容器在待命，城市就无法依照移动性建立计划。但是，城市里的空间还没并没有达到全部都以均质空间为理念的水准，还是存在旧的部分的，城市的移动网络最终是意图描画出一幅将所有点都连接起来的完整图表。这幅城市完整图表中，后来又添加进了移动网络的辅助项——电话网络。事实上，它的实现程度相当高。

城市与个体建筑物不同，很少进行全面改造。完备的移动网络为适应城市的构造改革而被城市中的老旧部分直白地覆盖起来。所有的大城市都一样，近代化程度越高，道路在规划上越是丝毫不考虑周边的状况。道路阔步延展，完全无视留在旧城里的那些地方的意义，以及自然的状况。但是事实上，城市整体空间的灵活性却又如当初计划的一般不断提升，更广范围内的城市之间的连续性也有所提高。有了移动网络这张大蓝图，你可以在上面构想策划任何目的，可以说在配置上，距离已经不再是那么重要的因素了。只要经济效率允许，某个团体就不必再受限于必须要在某个地方展开活动的空间指定了。有了移动这个前提，某个团体与其他团体相邻接的必然性也就没有了。这些配置是在完全综合性的效率基础上得以决定的。若如此，那引导城市发挥各类功能的功能性配置就又无法实现了。

这类城市的空间特性，与建筑领域中定义的均质空间的特性如出一辙。城市同时也是避开对特定关系的固定，舍弃地点特性的一种容器。若想让这种城市整体向均质空间靠拢，需要考虑的就不只是移动性了。如何提高城市各类要素之间在时间上的交替自由度以及各类设施本身如何移动，也是需要思考策划的问题。

如果说城市中还存在着近邻社区，那它只能是未从地点性束缚中解放出来的，依托于地点的部分领域的集。城市只有与自然实现隔绝才算成立，这个条件是它的特性之一，而社区的瓦解，跟这种特性并非没有关系。之前我们已经明白，建筑要想以均质空间为理念，条件之一就是要具备将建筑物内部的领域从自然隔绝开的技术。然而城市是自行隔断其与自然的关系的，这与建筑的状况又稍有不同。城市这种领域属于一次性产品，且色彩较少，很多情况下，其内部还包含着需要借助自然生产力的部分。这种情况下，自然是拥有着潜在力量的，它会以一个今后将会现象化的自然形象出现在团体面前。人们应该怎样共享这种潜在力量，这点值得商榷，也需要以空间的形式展现出来。这个过程不管你喜不喜欢都是躲不开的，它是孕育社区的胚胎。此外，这样一来，若要将自然力所蕴含的关系以空间的形式展现出来，就需要将各类设施，或者说包含意义的事物配置到特定形态下。至少，在城市的这种部分领域中，均质空间的特性是没有得到彻底贯彻的。

空间只被看作是一种扩展，而如果只有这种扩展参与到生产力中，地点特性和生产力的关系却遭遇淡化，那最后就只剩下已经现象化的自然了。住在这个地方的人们就不会再以自然生产力为媒介进行协商，共同致力于推行制度化的事项。因此可以说，一个带有社会协约的团体形成的契机将开始淡化。近代城市只留下了期待与衰弱的自然建立关联的空间，成功去除了需要自然潜在力量的部分。当然，肯定是在具备了完成这个条件所需技术准备的前提下。近代城市在空间编组上遵循的座右铭是"职住分离"。这个座右铭可对上述相关状况做出很好的解释。当近代城市中的生产活动，几乎全部都是工业生产或者归类于其管理的活动，再或者说是以消费和服务为中心的生产活动。这个时候，职住分离才会真正具备可能性。生产因素被剥离的住宅群出现了明显的内容变质。还有一点我们不能忽视城市在其发展过程中，只不过是在单纯地将新的功能不断附加于人们的生活，而另一面却是，它发挥着从住宅中将各种功能抽离出来，并对其进行集约化处理的作用。自古以来每一座住宅，或者说分布在极其有限的狭窄领域中的住宅群，都自备有很多几乎完全可以自给自足的空间装置。这些装置逐渐被城市所吸收，住宅中最终只剩下一个残留有极少量生活装置的空间。只需看一下水、燃料的供给，这个过程就一目了然了。

住宅的衰退直接导致了社区的瓦解。当饮用水供给到住宅的时候它就已经是加工过的产品了，送过来的已经是现象化的自然了。今后将要面对持续现象化的自然的，不是家庭，也不是家庭群体，而是城市的管理者。同样的水，既送到这里的住宅，也会送到其他住宅。生活所需物资的生产和供给，全部与近邻毫无关系。近邻的边界、地点的边界将逐渐在日常生活中被抹去。住宅失去了与自然力建立关联的筹码，只残留下了生活所需的最小的空间广度，而所谓的自然，也不过仅剩下了阳光、空气等打了折扣的自然，还分布在城市内。这样的住宅分布形态，或者说住宅的配置因为完全与自然失去了关联，所以即便非常机器化也完全在许可范围内。于是，就连城市中最妨碍均质空间出现的部分，以及曾预测将有前近代性残留的住宅聚集的部分，都做好了与自然相隔断，以及抽离地点性的准备。

不管是城市还是农村，都是一种经过了社会化的自然。所谓近代化城市，也不过是一种将自然高度社会化的表现形态。我们说在近代城市中自然是打过折扣的，这个折扣不是偶然也并不是在迫不得已的情况下打出的，它是在一种制度化的形势下，将自然和近邻团体加以隔断的。一般我们讲到水、燃料的供给，自然会想到从卫生管理以及效率方面来考虑，是必然要经过集约化处理的，而严密意义上来讲，这样的集约化处理是否妥当，这个问题想必从来没探讨过。我们换一个角度来思考，某些团体试图与地点建立羁绊，给各自的地点附加上空间性意义，建立作为自立领域的门槛，而对这些团体的废弃，才是近代社会的意志，没有这个解体过程，近代就不是完全意义上的近代。可以说，要想打开依托地点的封闭部分领域的大门，移动性的增大是最强有力的道具装置了。

近代城市是怎样将自然社会化，并将其转化为了一种制度的？这个问题我们可以从另一个角度来看待，那就是空地的消失。我们将城市的土地进行一个总体概括，并将它分割成公共土地、私有土地和空地三个范畴。这三个项目的组合，便可以将城市的制度直接地展现出来。比如，我们既可以设想一个仅有公共土地存在的城市，也可以想象一个由公共土地和空地组成的城市空间。这样的设想有些模糊不清，但完全可以让我想象出它所对应的社会的制度形态。近代城市缺少空地，只提供了由公共土地和私有土地组成的空间。也就是说，所有的土地都是在严格管理下的空间。当我们对中世纪的共同体展开浪漫怀古思情之时，经常会陷入一种错觉——所有的广场都是空地的一种空间表现形式。但实际上很多广场都是公共土地，它作为一种最具核心地位的空间，在对城市进行支配方面发挥着重要的作用。共同体出于自卫的考虑，手中持有的是作为空地的广场，然而大多数情况下，它们其实并没有采用广场这种形态。在近代城市的新兴地带，或最新建造的住宅区等地，人们都会有意识地将广场的建造列入计划中，但最后大部分都与计划的意图背道而驰最终失败。为什么？因为广场是一个被管理起来的公共土地，能从这片土地上共同且自由地提取出的自然力少之又少。空地是一种懂得自我管理的场所，人们在这片空间上可以相互监视，所以要想使用的话，方法不是废弃，而是要对其有形无形的使用加以条款规制。相应的这种社会性规章制度，会派生出特有的空间上的意义。大多数公共土地，出于领域内秩序构建的考虑，除了在初始阶段，都是支配方直接给予的。不少的空地都是站在反抗这种支配一方的。近代社会在发展过程中都在致力于完全排除这种空间，都在极力回避另一个管理层的派生和另一种社会性规章制度的成立，极度厌恶意义在空间上的酝酿。

　　空地这种不透明的部分一旦被抹去，城市整体将会变成一种镂空的构造。空地的构造可以使参与其中的居民实现互相监视，如果还涉及产地的问题，那考虑到自然力的分派，相互之间的监视确实不可或缺。城市里的居民们已经从围绕自然的利害关系中被迫撤离，对周边状况丝毫无意关注。只有俯瞰整个城市的管理组织还一直在试图透析全局。在这样的状况下又出现了一个耐人寻味的现象——如果我们从城市的动态中取一定量，并把它看成一个格子，那么我们发现，城市的动态一般都会朝着相类似的倾向推进发生。每一个人的动向着实多种多样，甚至对城市中的物质环境，对个体建筑物，若我们以微观视角也将它们观察一番，同样会发现它们彼此各异。我们把这些因素集合起来观察，则在统计上也会出现类似的倾向。将这样的现象和对其的把握当作计划的基础是否妥当？这个问题暂且不论，如果拥有观测手段的管理部分需要城市的形态，那么就有可能将其看个透彻。

在对一座城市进行均质空间考察的时候，这座城市的性格是极具暗示性的。因为在城市中，若要从因地缘关系而形成的团体中将彼此隔断的个人再次投放到一个组织的离合集散事宜中去，需要留下某种手段，以便通过某种形式把握全局。如果这种手段丢失了，那么自由就会转化成自由放任。在城市空间中的举动一定要受到空间道具装置的制约，这样的城市构造目前还不存在。只要城市还处在一个空间性的形态上，个人就可以在很大程度上自由行动，看不到限制人们活动的空间形态上的门槛。近代社会的一个显著特色就在于，它撤销了这样的物象化的门槛，通过经济上的操作、法理体系、军事力量强化了社会性规章。前面我们讲到，建筑物中不需要"撤销墙壁"的空间，而在城市中，城墙和门面却消失了。某种意义上说明权力的笼罩已经隐退了。

城市为移动性的成立提供了保证，这是一种自由的展现，但也带来了地点的消逝、与自然的隔断等结果，同时也让城市空间的特性凸显出来。城市的背景展现出了一副多彩的景象，而其内部，是巨大的均质空间的构架，它仿佛在溶解着历史的积淀，浸润着这座城市。但是，这种浸润如今终于开始使城市各处的矛盾浮出水面。当我们开始把目光投向这些矛盾的时候，城市中的均质空间的坐标想必会愈加明晰。

七

　　纵观世界地图的历史大家都会发现，地图的源流中有一个断层。这个断层出现在中世界的地图和大航海时代的地图之间。大航海时代的波特兰型海图看上去似乎是一种极坐标式的展现方式，但其实跟后来出现的麦卡托（投影法）等空间展示法是同类，都是根植于世界测定基础上画出的地图。中世纪的地图虽然并没有忽略整个世界的位置关系，但与其说它是一副地图，不如说它是以了解世界为目的，宇宙学表现方式的一种衍生，图卷中可以读出世界演化过程的意味。TO 地图就是一个很好的范例。这幅用象征性手法绘制的地图堪称对世界进行意向构建的顶尖杰作。之后，像这样对世界的意向性探究再没有出现过。TO 地图或者类似性质的地图所依托的空间无疑就是向心性空间，它们是在希腊成型的空间概念的最后一幕戏。之后出现的地图虽然在构图法上还保留着向心性的传统，但想表现的空间，其位置关系却已天马行空了，空间已从意义的束缚中解放出来。世界并不是一幅可以意义定性的关系图景，它需要的是测定。这时，世界的任何一个部分都已经纳入了一个正规方圆的空间容器中，而这个容器就发挥着坐标的作用，且它的大小足以囊括整个世界。

　　这个容器扩展到天文规模只是时间问题。众所周知，随着可测定的空间的逐渐鲜明而被推向批判风口浪尖的，是亚里士多德的空间概念。这种空间构想着实经历了一段漫长的荣耀期，直至 TO 地图、中世纪基督教聚落形成。世界地图发展源流中出现的断层，可以说就是亚里士多德空间概念逐渐没落的轨迹。当然并不是说，中世纪甚至之前的占支配地位的空间概念全部都属于亚里士多德学说的范畴，各种其他空间构想都只停留在了一种观念层次的展现，比如经聚落形态而实现物象化*。但是文艺复兴时期，或者说近代初期形成的理性的批判，不可思议地呈向心辐射状指向了亚里士多德学说，我们以这个事实为基础，再以这样的方式尝试去理解世界地图的断层，虽然很难保证较强的严密性，但还是可以构造出一个简单易懂的框架的。

*希腊的空间构想呈现一个分裂，多分歧的状态。诸如在围绕空虚存在的连续性方面，关于有限性，关于运动，关于空间自身能否成为现象的原因这个问题等。当然不能完全断言说至现代已经不存在这种空间构想存续的迹象了。这样的空间构想在基督教圈、在伊斯兰教圈，可被看作是聚落形成的胚胎。空间构想不仅存在于西欧，在所有的地区都有。这自不必说，这些构想有些在相关记述中得以阐明；有些完全没有相关记述，只能通过聚落等已物象化的成品进行推测。如果将空间构想的变化放到一个历史源流中进行解释说明，那么空间概念理论的构筑其实也并不是那么困难。我们观察一下聚落在空间上的构建就会发现，其实更多情况下，这种历时性的记述是做不到的。文中展现的地图的源流，也可以说是停留在了西欧或者说阿拉伯式发展流程之中。若要从对聚落等的观察中，明晰地了解空间概念整体上搭建了一种怎样的构造，就要看观察者的判断力和方法了。

以亚里士多德的《天体论》为代表的向心空间的构想，以及以《物理学》为代表的关于地点、运动的理论——在上述两者的基础上形成的空间概念之后遭到了批判，随之诞生的空间构想就是目前我们的趣向所指。关于对亚里士多德批判的内容，不妨参考马克斯·杰明**的优秀研究成果。我们仅关注批判的结果，即便如此依然可以发现，为向心空间概念搭建基础的各其他概念，诸如地点（《论题篇》）的边界、方向性、圆周运动，空间的有限性等几乎全部趋于瓦解。瓦解的过程展现在地图上也许只是一个断层，而实际上却跨越了相当长的一段时间。瓦解之后留下的空间，用一句话来概括就是——经测定后空间的任何一个部分都呈现同等状态的空间。

**马克斯·杰明的《空间概念》（再版，哈佛 1970）。空间概念的记述方式，是将使用了"空间认识"或"空间意识"等用语的概念结合马克斯·杰明的研究进行改变的结果。他的研究，给空间相关的逻辑性部分带来了一束曙光。它所涉及范围跨越整个历史。而我，从立场和态度上来讲，则试图探索建筑、城市等物质性环境构成中窥见的空间构想；探索方法，以使聚落拥有共同构造这一点不再归于技术或风土条件，而是直接上升到观念层次。因此，科学思想史等研究都可以作为规范，不仅限于杰明。杰明因为在研究中言及空间，所以有很多地方可以参考，但其实更多的是因为他留下了大量的资料，这才是让人望尘莫及之处。但是，关于对亚里士多德的批判部分，因为又有一种不同于均质空间理论的其他理论构建而起，所以我特意略去了这部分的阐述。

这个空间的概念随后经笛卡尔哲学的延长论得以明晰。笛卡尔将测定性统一至长度，推向一元化。如果笛卡尔试图同时展现物质的各种性质，这时候我们再次引用莱布尼茨的批判言论——若试图对有实体的物体做出指责，则笛卡尔坐标系的透明是绝对无法展现的。笛卡尔的空间，可以说就出现在宇宙中给立体格子添加坐标系的地方，关于延长则是所有的空间的部分都是等价的空间。与亚里士多德的空间概念对比出现的，是地点性被排除且所有部分都看似等价的空间。之后，随着物理学发现的进展，这种空间不仅在延长上，在各种现象中都拥有了等价性。随后，空间等质的固定观念似乎逐渐开始向人们的意识渗透。至少在古典物理学领域，人们认为空间都是相同的，连续的，没有方向性，更多的时候是无限的。用几何学来讲就是立体几何空间（三维空间的欧几里得几何）。

在这种空间内，自然现象只是空间内部发生的一种现象，并不是空间本身出现了扭曲发热。空间的构造的所在远超越了这些现象。对于各类现象创造的关系，空间的构建也并不参与其中，而是将它们包容起来。而自然又是别于这种观念下的空间的另外一种存在，与亚里士多德的空间概念所指定的，物体本应存在的空间的位置，引发空间自身运动的原因等关系的把握，更是没有关系。用一种比喻的方式来说，这种空间里，缺少亚里士多德的空间所携带的那种"地点中隐含着力量"的特性。空间不会成为导致现象发生的直接原因。

古典自然科学以这个空间为基础，开创了惊人的发展景况，其显著特色就是，对现象的记述或者说其法则上的一个特性——只记述现象的某个断面。这也算是对笛卡尔延长论确立的空间命题方法的传统的延续。后来人们又探索了各种各样更加本质性的记述方法，其中一些不乏巧妙，但最终还是没有找到可以将某个物体投放到空间中进行整体记述的方法。比如要记述苹果是一个什么样的东西，就需要从无限的角度进行观察，记述每个断面上获取的信息。同样的，对于人类本质这个问题，也会出现各种各样的记述，但依然无法期待一个整体的记述。如常言所述，你可以从一个断面中提取出测定和关系性，但无法提取出价值。价值要到实践层面去判定。空间可以包容各类现象，但并不能成为现象发生的原因。空间不可能完全成为现象的包容者。我们可以认为，空间不会对人类的各种行为做出指示。

观念上的空间可以对人类的行为做出指定，这样的想法现在看来完全无法想象，但空间实际上曾经依托于地点和意义，做过人类的行为规范。在近代古典空间构想中，实践摆脱了行为指定的束缚，并得到了可自由开展的许可。如果空间承诺可以对现象进行整体记述，那人类的各种行为肯定会再次掉入被空间束缚的漩涡中。我们应该理解，在近代，空间有时会放下这份责任，在与空间无关的地方，诸如对人类进行整体记述的尝试其实是在进行中的。

要想对在空间内部发生作用的各种现象所拥有的关系做一个记述，则先设置一个理想状态，然后再推导出其中的规律性，这种手法也是近代社会的特质之一。这是一种回避现象现实性，展现一个标准的方法。这种方法在性质上与空间的绝对性有些类似。且不说理想状态，仅是省去了将现象理想化的过程，那么，试图不把自然现象当作地点的函数就进行普遍性的记述，那是不可能的。

过程应该是：首先获取基于理想化的记载，然后再回到具体现象中。这个时候自然并没有与观测者同在，而是存在于观测者之外。这种以自然为对象的过程，如果没有像牛顿的绝对空间那样的空间在现象的背景中"坐镇"是无法设置的。

这种观念下的空间，在近代文化的形成中曾占据支配地位，然而这样的支配地位，其实是因为其他空间构想的提出几乎并不为人所知。从专业的角度上来看，这样的空间它在历史上孕育了自然科学思维的胚胎，但它之外的空间构想也许也是存在的，只不过可能埋没在了历史的进程中。但是我们将近代的空间，与希腊时代的空间构想的多样化发展对比一下，就会发现，至少在表层上，近代对空间的把握是一元化的。当然，近代空间在其发展过程中，每个时期跟每个时期之间都会有细微的差别，这个可以忽略不计。比如德谟克利特、阿拉伯的伊斯兰教义学提出的空间的非连续性构想，后来得到莱布尼茨的继承，向世人展现了它的存在，而在近代的发展源流中，它只不过是一个较为特异的见解。

现在的我们，脑中已经有了跟这些古典空间不同的空间构想。比如相对论，它就不允许绝对空间的设想，也因此不能容忍空间在时间之外的言论。非欧几里得空间、拓扑空间，以及场的理论、观测和记述相关的理论等，在观念层次上都有着多样的空间形态，也验证了一个事实——脱离空间去追溯自然这件事本身就存在着错误。在现代的最前端，将会出现什么样的革新性的空间构想，我们现在连想象都想象不到。但是，新的空间构想提出，古典空间所持有的错误被指出，这是一个方面的问题；而它们在日常生活层次上转化成计划的理论，得以物象化，这又是另一方面的问题。在现实生活层次上，或者说在技术层面上，有时可以部分窥见新型空间的形态。不管我们是单单拿出一个距离的概念来，还是说整个现实生活，都在发生着大幅的变化。随着交通通信手段的进步，空间的连续性与距离不再仅是一种关系上的关联。但是，要问在计划构建生活环境的时候，新的距离概念是否会引发根本性的变化，答案是否定的，它只能起一个辅助性的作用。因为它不过是在发挥自身影响力的时候展现出了其部分形态，还并没有社会化到可以统筹生活整体。也就是说，即使出现了一种将来有可能占据支配地位的空间构想，且实现了片段性的物象化，那要等到它实现社会化，也还是需要一些时日。

近代古典空间概念依然在有效地发挥着它的作用，是当今社会占据支配地位的建筑理念，而上述时间差，也正好验证了这个事实。发展至此的均质空间，在世界地图发展源流的断层发展至近代时被再度提上日程，逐渐确立为一种稳固的空间构想。当均质空间的构想在其他领域被提出的时候，建筑已经根据这种空间的特性开创了透视等措辞表达，但是之后对密斯·凡德罗绘制的建筑，甚至都无法想象出来了。从文艺复兴的建筑到密斯的建筑，这期间着实诞生出了各种各样的表现方式，时而热情奔放，时而趋于古典，时而循于几何学。这些表现方式，是近代的一种探索，如果我们扩宽视野展望历史，甚至还可以将它们看作是之后纳入密斯建筑的一种过程。在这个过程中，技术上做了一些尽可能地将密斯的图稿进行汇总的准备。笛卡尔构想出的空间映射到密斯的建筑中，这之间又经历了一段相当漫长的时间跨距。但是这个时间长度也不必太在意。因为在地图发展源流中最初出现的波特兰型海图，它的诞生日期，和笛卡尔提出延长论的日期，这之间的时间跨距也差不多是一样的。这期间，空间构想的发展过程中又插入了各种各样的异端邪说、向古典的倾斜等，性质上与建筑历史中出现的迂回是一样的。均质空间概念的进一步清晰，要等到空间所持有的可测定性经物理学等学科得以证明之后，还需要更多的时间。

不敢断言以密斯的建筑为理念的均质空间，与近代古典空间形态完全相同。然而，在场所与意义的抽离、与自然的隔断、理想化、测定可能性、容器性、现象的对象化和操作可能性等方面，没有方向性的，相同的，连续的空间构想，最终是基本与之重合的。现在若探寻一下以支配性建筑为理念的空间构想，甚至可以回溯到古典物理学描绘的空间形态，以及孕育着近代文化的观念下的空间。

八

以自然为媒介生成的，相对封闭自立的领域的边界，它的撤销经历了一个怎样的过程？关于这个问题，我在对城市进行阐述的时候也做了讲述。此外，我在近代初期的对亚里士多德空间构想的批判中，关于对规定了场所的界限的撤销，也做了说明。假如空间被有边界的部分领域分割，那要记述这个部分的内在构造，那就相当于记述了整个空间。如果有这样的空间构造存在，那也许近代文化将会呈现出一种完全不同的面貌。这种构想某种程度上在中世纪呈现着一种现实化的状态，在希腊原子论的世界形态中、在阿拉伯的伊斯兰教义学的空间形态中、在莱布尼茨的单子论中，都可以窥见其所携带的微妙感觉。然而这样的构想在现在也并不是完全没有，对基本粒子的研究等的背后也是同样的根基在支撑。在基督教圈、伊斯兰教圈的典型聚落构建中，曾经有一段时期，人们认为这种聚落的空间构建就是世界的空间构造，当然，并不是所有的中世纪聚落都是这样。

近代推翻了这样的空间构造，撤下了自立领域的边界。随后，空间内的现象烟消云散，散落成没有任何必然关联的片段。只要不再创建能将它们再度互相连接起来的新体系，那即使观念下的空间能够得以先验性地命题，内在秩序也不会有所准备。因此，记述关于现象的某个断面的秩序的手法得以准备，将现象本质那个断面象征性地展现出来的工序也已建立，就如诸多自然科学法则记述的那样。如果仅这个断面还不足够，那么就准备第二、第三个断面。整体总是可以用断面来进行解释的。整体性经断面的记述可以成立，从这个意义上来讲，它在整个空间中，姑且可以得到佐证。在这样的操作中，某个断面所显露出的关系会被其他断面的关系所吸收，这样一种新型的关系又派生出来了。但其实直到现在，也无法保证无限地准备出的断面，可以经由某几个断面得以象征。然而，将分裂的断面想办法汇总合一的手法也并不是没有准备好的。比如，状态量的构想就适用于大多数现象的解释说明。熵的概念等，原本就是作为仅切割现象某一个断面的道具而诞生的，之后人们才发现，这个概念措辞指代的道具还可以切割一些意想不到的断面。原本，近代空间概念提出的时候，现象断面所展现的关系的秩序自不必说，连切割这个断面的道具，也就是数学性表现方式所携带的体系性秩序，也都非常显著。这种表现方式的体系，其实后来纳入了近代空间概念中，它对空间概念构筑做出的贡献，甚至超过了空间自身。可以说，近代的道具装置，将空间的均质性和原因欠缺状态性质展现了出来。

看似呈片段状扩散的现象，在新型关系构建操作的带动下，又逐渐彼此连接，曾有一时出现过，看似所有的现象都将在因果关系的影响下得以整体关联的景象。这正好与功能主义信仰实现对应。但是，构建关系的操作，首先从断面的特性上来讲，其次从因果性本身的危险性上来讲，实际上是很难求得整体化的。在这样的危机下，又出现了与均质空间构想最符合的，统计思维的概率论的方法。目前概率论有着较为显著的发展，它是否贯穿了均质空间的概念，并提炼出了新的空间，这点难以判断，但它却可以从整体上把握看似呈扩散状的空间内现象，从这个意义上来讲，概率论堪称一种卓越的方法。如果缺少了这种方法，那至少在建筑、都市中，均质空间不会被作为一种理念而提出。也许我们可以说，统计学式或者概率论式方法没有无法应对的现象。如果空间拥有自立部分也就是整体一般的形式，而这个空间自身又成为原因，导致所有现象发生，这样的情况下，这个方法就是完全无意义的，因为部分的记述就变成了整体的记述。在相反的情况下，在部分和整体的脉络被切断，面对扩散的现象的时候，这个方法可以保证一个整体的记述。这时，空间内的成员的基本条件便是彼此之间通过某种形式实现同等。

虽说统计学式或概率论式方法可以进行整体的记述，但那不过是假定的整体的记述，并没有离开断面的范畴，但又与其他切割断面的方法不同，它的特色在于会给予现象成员个体性（用气体分子运动来讲，好比它会给予分子不能再进一步分解的个体性；用人口动态论来讲，它可以让人类带有个体性）。这种方法可以将空间内扩散的现象细分化至极限，或者在现象还未抽象化的阶段，将其留存为适当的个体。因此，虽说一个断面仅是一个断面，但它又会因个体看法的不同，携带上各种具体性。若继续将数个断面不断建立关联，将会有一个高度假定化的整体的图景展现出来。但恐怕它也仅仅就是一个断面。若一定要深究整体这个概念，我们会发现，它就是一个所有的断面都相同的，展现一个断面就可以展现一个整体的存在，而不得不将观念上的均质的空间自身推举出来。

　　拿人类来举例，部分领域的边界被撤下，留下的是个人，而个人又被看作统计、概率的成员。这种情况下，个人就会消失在整体的记述中。个人全部是相同的。这样的前提一旦摆出，其造成的后果，就是相应现象的发生。观察一下人类统计类操作就会身临其境地感知到个体从整体记述中的消失，但这种性质在近代的整体性记述法中，不过就是附属品。因为个体将特定的性质，转化为每个个体都共通的性质，或者说，对"个体之间"这种关系的保持仅存一些断面性的记载，所以所谓个体性，不过就是不会被整体化的，归属于多个断面的项目的集合。也就是说，个体只能在假定整体的各处的账面上，留下片段性的登录和记载。但是，对于全面核验账面或者说断面这个职责，空间已经将其丢弃。

　　准备好这些道具装置之后，我们再度对均质空间进行展望，会发现自由实现了极大丰富。个体或者说部分迷失了自己的实体，假定的整体就仿佛是一个尚未统一的集合。而存在于那里的，正是操作的自由。如果，作为假定的整体的断面，它们之间若将建立深厚的关联，则无法对一个或者几个断面进行自由操作，最终还是要操作所有的断面。但是，极端来讲，因为断面相互之间是没有关系的，所以随便选出一个断面，就可以在其内部进行操作。于是，个体或者说部分就会依照操作展开运动，并不会介意其他断面中的各种各样的性质，或者说期间会伴随着一些矛盾的引发。也就是说，所谓均质空间的自由，是围绕这种操作权的获取展开的自由。而秩序，就是在这种操作权获取的过程中的势力均衡。在均质空间这个概念中，所有部分的均等性都在观念层次上，因此，说透彻一点就是对空间量的占有。也就是说，在量上占有空间，才是获得自由的首要条件；第二就是要获得能切割更多断面，并对其进行操作的道具装置。

空间内部重组的程序只要还没准备好，均质空间就无法作为一个理念在现实的城市和建筑中发挥作用。新的秩序经以上所列道具装置得以保证，特别是统计学、概率论方法让具体的城市、建筑的空间拥有了与均质空间相同的构造，它们还是支撑正确意识的有力武器，也作为透析空间的手段，发挥了它们各自的效力。类似的相关状况，在抽象艺术成熟后的阶段，也体现在了对概率性表达的主动选择上。概率论性质的作品，它们将现实的状况泼墨于画布，谱写于乐谱，同时，也将道具的美丽，均质空间的美丽以秩序的手法展现了出来。*

＊空间曾一度被看作类似实体的概念。这样的发展轨迹在伊斯兰文化圈的中世纪城市以及中世纪聚落中可以窥见。如果把空间看作一个中心或一个场所，可以发现基督教圈的空间概念和伊斯兰教圈的空间概念之间其实并没有太大的差别。但是，涉及实体相关的各种形态，这两种空间概念、具体的聚落就会呈现出显著的对比了。近代期间，针对异端邪说和正统学说，人们曾展开过论述，相关论述的终结有两个必不可少的条件：一个是阿拉伯伊斯兰教义学的相关探讨；一个是犹太密教卡巴拉的相关探讨。如果要探究近代空间概念形成过程自身的本质，可以从两条轴线出发，一条是伊斯兰教义学－莱布尼茨；一条是卡巴拉－牛顿。目前尚无法就这两条轴线展开周密的论述，仅以均质空间理念为要点，并借助笛卡尔的空间概念做了一番讲解。

九

　　以均质空间为理念的建筑，堪称前所未有的高度单纯化的建筑。建筑师密斯·凡德罗对这种建筑进行了巧妙的剖析，他的美学理念就是"少就是多"。近代的相关理念之前提及甚少，理论重组需要道具装置，其特性较为平实和基本，因此也具备了一定的可操作性。密斯的美学论述了上述道具装饰以及可操作性。当然，密斯也创建了建筑法则命题，而他对空间的言及，在一定程度上触及到了作为近代文化胚胎的空间概念，并拓宽了其内在的含义，因此，是具有象征性意义的。密斯的命题指明了一个问题——作为物体的建筑，只要不对生活空间加以限制，近代理念得以重组的道具装置就可以发挥其有效性，其操作性也会更加灵活。这种状态，也正是"国际建筑"主张中所描绘的那种"向全人类的感性诉说美的状态"。进一步剖析，就是秩序的理想存在状态。就这样，建筑成功地将位于近代文化根基地位的空间带向到美学层次，并展现出了一种包容各类道具的态势，为近代文化争取到了"公民权"。此外，不管是建筑还是城市，它们都是在偶然机缘下与空间建立了关联，表现的对象依然是空间自身，因此可以说，被拿来当理念的其实是成为近代文化胚胎的空间构想本身。因此，观念层次上的空间和作为一种近代支配地位的事物的空间，这两者之间，有着显著的相似之处。也就是说，现实中的建筑、城市回归近代本源性空间构想之中，才算完成最高程度上的全副武装。

　　近代建筑争夺最终的主导权，随着密斯的建筑出现，我们之前在这个过程中阐述到了五条轴线，它们也许就是在文化实现近代化过程中形成的一种典型的现象。（a）就目的建筑论而言，道具（作为道具的建筑）不对目的本身做指定；（b）就无装饰建筑论而言，道具本身不会孕育相应的意义；（c）就机器美学——功能论而言，道具不会规定特定的关系；（d）就构成主义或以此为标准的超现实学派的表现论而言，道具诞生自先验的假设中；（e）工业生产论暗示着一个事实：道具自身诞生自社会关系中。这种暗示不仅限于作为道具的建筑，还可以扩展至作为近代表现方式所有道具装置。建筑的最终理论和展现方式的斗争，绝不是在观念层次上进行的，我们对人们的生活和技术进行一番具体探究即会发现，这种斗争就是在物体层次上发生的一个过程。因为物体所拥有的整体性，所以作为物体的建筑，具体的道具，甚至会言及观念领域。（为什么？因为无论近代试图怎样分析性地解体物体，物体本身依然没有失去实体性，直至今日，它一直在反抗着近代的企图。如果没有这种反抗，物体就会唯近代的意图是从，不会诱发任何矛盾）。在这样的构架中，建筑活动派生出的意义、暗示会凸显出一种特性，这种特性在作为观念的道具等事物身上，在法则的记述法、法则的适用法等因素上都是共通的。

物体经由近代道具得以成为操作的对象，物体有实体性，这两点是不同的，要区分开。道具装置不同，则又会展现出物体是实体这一点。这种情况下，人也算是一种物体。近代不过就是对作为操作对象的物体进行了命题。建筑在这个大规模的装置下得以武装，也可以说，作为制度的建筑，是没有那么容易跨越过去的。如果只有建筑是文化中的一个特殊项目，如果它如这般处于孤立状态，未共享道具等因素，那么也许明天就会有新型建筑诞生。以均质空间为理念的建筑，它建立在作为支配性文化的空间基础上，从这个意义上来讲，这样的建筑也带有支配性。即便在带有对这种建筑进行批判的意味上，或者无意识地建造了在某种意义上有点不同的建筑，那么它们就是之前讲述的那种"穿过了支配性建筑的建筑"？这点无法保证。也正是这个原因，可能会让人留下一丝担忧。它们可能会转化为利用物体操作性的小管理者，并带来相应的影响。但是究竟为什么一定要执着于支配性建筑。安宁的建筑、令人心生怜爱的建筑的确是存在于支配性建筑之外的。其实更多时候，艺术并不存在于"支配性 = 不可回避"这个范畴中。将这个问题直观剖析，它其实就在质疑是否要对展现方式的自由抱有疑问。如果看到了表现方式在自由上的缺失，那么区别仅在于这个问题是由一个人来承担，还是由众人共同来承担。然而这个问题就本文来讲已经超纲。这里我们只讲支配性建筑的所在，并将其内容加以阐明，课题就纳入这个范围内。

　　人们曾试图以均质空间为基础，构建另一个道具装置。但并没有成功，今后可能也不会成功。也就是说，对物体进行操作，并搭建起管理构架，得到的结果却并不是与社会一体化的道具装置。那么另外一个道具体系真的无法想象吗？要回答这个疑问，准备还不够充分，但恐怕不曾存在相关的可能性，今后可能也不会有。空间在本质上以自然为对象。从结果上来讲，又以人类和自然的另一种形态：生产为对象。另外一个道具体系不会存在的理由，就在于上述两点。另外，这种空间也并不是实际存在的，而是观念，也就是人类想象力的产物。因此，意识和自然处在一种相背离的状态。若要从这种已经过剖析解释的自然中，逻辑性地引导出有归属感的劳动确实有点困难。

　　从某一个方面上来讲，道具的体系本身与现实性的各种矛盾并无关系。有看法认为，这些矛盾就是致使道具使用方法产生的原因。的确，这种看法在某些方面具备一定妥当性。纵使空间概念如何变迁，语言依然沿用至此，并没有诸多概念遭到废弃这种事情。但是它们曾经所蕴含的意义本身，却并没有延续下来，而是一度遭到解体，成为道具的碎片，之后又被附加上新的部件，以一种全新的形式再度为道具的组建添砖加瓦。此外，传统的道具有时会直接沿用。原因不外乎两个，第一个是惯性；另外一个是对新的空间不会形成障碍。作为道具的建筑物就是很好的范例，并不是所有的旧的建筑都要被推倒。而且，建筑物也不是消失了。但是，就如之前讲到的一样，老建筑物的概念已经遭到了损坏，与此相对，以均质空间为理念的建筑，它将作为使近代更加充实的道具占据支配地位。的确，在文化的过渡性状况下，使用方法才是重要的。"撤销墙壁"也是一种近代过渡性的建筑的使用方法，人们凭借这种方法探寻更加适合社会的建筑物形态。最终，出现了以均质空间为基础的建筑空间。道具要看怎么用。这种措辞表达从意蕴上就带有实践性。但是，当社会、文化到了成熟期，问题就不再是使用方法了。道具自身的特性需要变革，旧道具体系需要废弃，就如过去的城市正在逐步遭遇废弃一般。

原本道具是一种需要指定使用方法的东西。因此，即使改变了使用方法，收到了使矛盾浮出水面的效果，使用方法需要指定这一点也无法改变。也许不仅限于已经物象化的道具，作为更具观念性的展现方式的道具，可能也有类似的特性。为这样的文化布下根基的观念性道具装置，其自身的废弃终有一天可以想象得到，从社会底层构造的新的萌芽中，或者从观念性道具装置内部的冲突中。最终，它作为使各种道具装置运作起来的均质空间的容器，其所携带的那种道具性特质自身，无疑将逐步瓦解。

行文至此，我们几乎没有言及均质空间现实引发的矛盾。实际上已经有诸多矛盾开始凸显。管理阶层、统治阶级所携带的社会性矛盾前面已经讲述过，除此之外，从危害居住环境的角度上来讲，除自然破坏、环境污染之外，还存在着许多其他公害，这里对此做一简单附记。这一切都在均质空间观念的引导之下，然而即使指出这一点，也没有什么意义。但至少有一点我们必须清楚：自然破坏、交通公害的现象是针对空间的意识所招致的。此外，以居民运动这种地域性团体的形式揭发这些现象，这也不是偶然。以均质空间为理念的计划论，潜在地拥有所有场所的等质性，因此忽略了场所性和地域性。新开发的部分可以在均质空间理念下实现秩序构建，然而现实来讲，并不是可以将这个部分从周边隔断开来的。人类只有依靠自然的生产性潜在力量才能生存，这是一个不争的事实。然而因为人们对场所的等质性抱有期待，所以有时又会忽略这个事实。砍伐过树木的地方再植树就好，陆地不足就填海造陆，将沙漠开垦为农田就好。人们认为领域之间存在着补充性，然而这种补充性其实是一个经济函数，最终依然不得不依靠自然的生产力。一个补充作业，有时甚至会导致整个自然生产力的显著下降。均质空间解体的旧场所的边界以及这个场所所孕育的意义，其实也是让自然保存潜在力量的一种手段。均质空间和重组的道具装置在挖掘自然潜在力量方面发挥着强有力的作用，但涉及环保，几乎就无能为力了。时至今日警钟再度敲响。自然循环系统需要保护，资源是有限的等。但是，一旦到了要实际使用这些保护环境的道具装置的时候就会发现，相应的道具完全没有准备好。这种将整体看作一个系统的道具装置，是不会经均质空间而得以准备妥当的，上述事实就是佐证之一。

矛盾围绕自然的整体性问题浮出水面，除此之外，还有均质空间的构想致使城市内部派生出的日常生活矛盾，也是不胜枚举。给一座城市套用上这种空间构想，城市中随之衍生出了移动性，殊不知正是这种移动性，才导致了交通公害。住宅和生活之间的龟裂，城市内犯罪的增加等。这些矛盾大多数都可以在空间层次上得到解释。在这些矛盾日益突出的过程中，以均质空间为理念的建筑也在忠实地折射着近代意志的光芒，城市化也不断向前推进。

现在我们脑中已经有了新的空间构想，但是我们手头却没有相应的工序可以将它物象化。这些空间构想是存在于均质空间框架内的一种形态，还是将来可能成为一种取代均质空间的空间概念，现在无法判定。就建筑活动而言，对部分和整体的逻辑的追寻，对场、意义的探求、对新的场所领域的研究、对旧居住环境的重新审视等问题，成为 1960 年之后的课题。这也可以看作是人们的一种摸索，摸索新空间构想，以取代均质空间。也许在其他活动领域也是一样，对表现方式才会有类似这样的探索和尝试。但是，各种文化类活动的新萌芽，却没那么容易就有相应的前景可以呈现。原因在于，空间概念需要逐渐趋于鲜明，而仅这个过程就需要很长一段时间，而其瓦解，又要经历一段漫长的时光。

但是我们可以做一个非常明确的预测——在均质空间得以贯彻的过程中，各种现实的矛盾会加以阻拦。但即使如此，想象力也不会从束缚中解脱，因为它就处于和均质空间实现一体化的道具的包围中。因为，与空间一体化的道具装置才会成为文化的表层、文化的支配性部分，规定物体的惰性。在探求覆盖整个文化的新空间自身之前，应该首先要尝试去将道具装置或者说表现手法进行置换。地图曾在展现的过程中出现了断层。道理相同，几个较为突出的表现方式会改变空间概念自身，之后，表现方式的道具装置构建将会再度得以实现。这时候不禁会让人想起康定斯基、格罗皮乌斯所提出的"人类都是相同的"这个命题。这个命题从根本上来讲是正确的。如果说现在它不具备现实性，那么把它在空间层次表现出来这个课题，可能将依然保持悬而未决的状态。而且同时，还需要重新审视评定他们所倡导的国际主义目前所蕴含的意义。他们的立足点是作为表现方式的道具装置所带有的国际特性，也因此这种建筑才被称作"国际建筑"。目前在手头上的主要表现方式，其存在状态大部分都与他们的考察相符合。均质空间的理念可能将会撤销国家的边界。的确，就表现手法以及曾经的物资动员计划而言，国家的边界看似有要被撤去的迹象。但是，在制度的庇佑下，这个边界是不会那么简单就被撤掉的，反而，在那个时刻来临之前，想象力必将会从"静态支配性 = 不可回避"这样的构造中挣脱出来，从根源上动摇均质空间的构想。

　　废弃均质空间，不是一件容易的事情。当然现在也是如此，均质空间排除的各项目中，其实也有废弃的萌芽在潜滋暗长。但是要想使这些萌芽实现相对化，并开创相应的状况，还是要回到均质空间的性质上来。从这意义上来讲，"支配性 = 不可回避"构造并不在均质空间之外。但是肯定在某处存在着可以逃脱这种构造的狭路。一是要将已现象化的生活矛盾提升至观念层次；二是要明确表明，在文化中的观念性积淀中，某些现象是无法表现出来的。关于这一点，我们可以推断说：马克思以及之后的思想家们给自由这个概念赋予了丰富的意义，而自由在以均质空间为理念的现实的空间中，是无法获得的。这一点在将来会更加鲜明。

关于"部分和整体的逻辑"的再构建
（1980 年）

　　我曾写过一篇论文，叫作"关于表现方式和学问之间——部分和整体的逻辑"，这篇论文刊登在丛书《文化的现在 11——愉快的学问》（岩波书店，1980 年）上，今天这篇小论便以这篇论文为基础，当然很大部分都经过了重新编修。丛书中刊载的内容侧重阐述部分和整体的理论缘何如此重要这一问题，而在本篇论述中，我特意点缀了一些曾在历史上留下光彩的考察片段。部分和整体相关的理论是构思建筑时的基础，这种思想很早之前就有，我在《建筑的可能性》一书中也曾论述过这个主题。从中提炼出的方针即可概括为"从部分到整体"，这一点直到现在也没有改变。

　　部分和整体的关联在集合论，特别是拓扑空间中，是呈透明状的；而在普通的现象中，关联是错综复杂，且时常是不透明的。莱布尼茨能提出单子论的设想，也是因为他知晓数学性单位、对应点的普通现象的单位、点，在逻辑的展开上是不可或缺的。在历史的长河中，独放异彩的见解都伴随着"针对一切事物"这样一种逻辑性构思。

我们对城市、建筑进行考察，在进行构思的阶段会出现部分和整体的问题，而在这个问题中，事物的属性会呈现出多样化的展现，因此很多情况下逻辑都是不透明的。我在本书"从功能到形态"中提出把握复杂现象的方法，参见"天亮的过程""黄昏的过程"。经历了这道工序，有助于实现对建筑的空间性把握，诸如在"边界论"中提到的"四壁"（Enclosure）、"地板"（Floor）、"屋顶"（Roof）等。

当我们设想一个作为个体的人类时，部分和整体的问题立刻就会浮出水面。因为我们必须要考虑相应的团体、社会。就这一点而言，城市、建筑就不得不与部分和整体的逻辑建立关联。人类是非连续性地作为个体存在的，这点我们首先要把握住。人类同样还是以联结的形式存在的，这点我们要以意识为媒介，以某种形式将其把握住。我希望能将这两种性质做一个结合，这也是我在"从功能到形态"中强调意识的一个原因。

近代建筑之所以能达到均质空间这样一个稳固的空间概念层次，是因为"所有人"都拥有着"喜欢的建筑"这样一种高远的理想。在如今的我们看来，这样的想法甚至可以说有点危险，而从另一个方面来讲，这种目标的缺失是不是已经把建筑推向了一个兴趣的层面？我一直怀有这样的担忧。要想提高时代表现方式的层次，则需要一个可以共有的目标，涉及共有这一点，其实就已经与部分和整体的逻辑建立关联了。这种共有的形态，不是一元性的，而是多元性的共有。共有会组建一个复杂的网络，因此在构造上，整体都是连接在一起的。总而言之，只要我们的表现行为还成立在社会责任的基础上，那么关于部分和整体的相关考察就是一切的出发点，这一点基本上是不会有偏差的。

"在飞速奔走的巴士中的十六个人，就在你的身边，他们在一个个的瞬间中，变成一个人，变成十个人，变成四个人，然后又变成三个人，人们（在那个瞬间）并未移动着，改变位置。刚以为人们出现了，又消失不见了。刚看到他们跳出到街道上，又看到他们突然被光吞噬，下一个瞬间会再次返回，坐在你面前。[1]"

这是未来派艺术家们在 1910 年撰写的《未来派绘画技巧宣言》其中的一段。这篇文章中的内容之后直接转化成为未来派表现者薄邱尼、鲁索洛、巴拉等人的绘画、雕刻。较此略早时期，马里内蒂曾宣言"速度之美"将粉碎至今为止的古典美。情况确是如此，说是要描绘运动、速度，但关键是要看怎样画，不同的画法就会创造出不同的艺术。只有能将速度定格在画布上，体现在立体上的技法，此外，只有在技法的极限层次上，才能给运动、速度以定义。于是，未来派的表现者们主要采用了两种技法来定义运动、速度。一种是将事物的连续动态分解成非连续性图像，好比将电影胶片的一格一格叠加起来描画一样。这种技法，也许瞬间就会让人联想起伊斯兰教义学的空间概念。伊斯兰教义学的思想家们避开了决定论、宿命论，他们认为神的意志每次都会重新介入，并提出了时空性的非连续论。换言之，时空就是微小元素的连续，各种各样的运动被看作是某个元素向其他元素的跳跃。这种跳跃是由神来掌控的，换言之，只有神才能看到。这其中的意蕴我们可以解读为：未来派的表现者们某种意义上试图描绘出这种神之眼。伊斯兰教义学的思想家们将时空性元素看作是不可介入的实体，但未来派的表现者们却并没有停留于此，而是准备了第二个技法。这个技法已经在开头的引述中有所阐述。巴士上的乘客某个瞬间会跳跃至街道上，熔化在太阳光下，然后又回到座位上。十六个乘客有时会重叠在一起变成一个人，有时会变成三个人。也就是说，运动的事物会创造出一种影像上互相渗透的状态。定格于画面，构建于立体的各种事物之间相互贯穿，互相重叠。这种技法并不为未来派所独享，立体派艺术家们也经常使用（比如布拉克），建筑师弗兰克·劳埃德·赖特也由此构想出空间，这个之后会讲到。其他范例，诸如胡塞尔，他在解释非独立性部分的时候，也用到了"渗透"这个词；社会学家古尔维奇在记述团体之间的相关性时，也采用了相互渗透这个概念。

　　如此这般，未来派对因连续性而得以保持的运动整体进行了非连续化操作，并将其分解成各个部分，然后依然还试图保存一个整体。各部分之间相互渗透彼此重合，生成一个较为模糊的整体。这便是他们的立足点。他们从描绘出运动这个目标出发，成功暗示了其中一个"部分和整体的逻辑"的所在。

　　未来派的表现冲动如火焰般猛烈，但很快就燃尽了。之后，超现实主义者们出现，为"部分和整体的逻辑"注入了新鲜的血液。他们的表现活动带来了巨大的影响，多次被拿到解析的台面上，如今已再无对其填词加句的余地。对现在的人们而言，对事物的共时性认知已是一种习以为常，因此，将各种表现方式的基础附加于超现实主义，并对此举做一事先强调，其实也并不是没有意义的。超现实主义者将这种方法体现在了拼贴画的创作上。拼贴画是一种合成画，各种各样的事物、片段在画面上邂逅彼此，俨然成立。马克斯·恩斯特曾对这种技法进行过解说，这种技法立足于置换（dépaysement）的美学[2]。置换者（dépayser）一词，包含"被驱逐出境"的语意，代指将人放置到一种穷途末路状态。（也就是说，超现实主义照亮的是彼此孤立的各个部分的集合，它们将在意识内部实现整体化。因此，这是"部分和整体的逻辑"一次划时代的推进。）可以说，超现实主义出人之意料，将观赏者在习以为常中趋于惰化的对美的感觉剥夺，让他们无所适从，陷入穷途末路中。表现者已预先把描绘对象，把组合在画面中的对象的："国籍"剥夺，而这种剥夺的力量也许也恰好就来自于此。即是，出现在画面中的各个要素，各个部分，它们突然从惯例性存在的体系中被剥离出来，随之又被放置到新的行列中。随后，各个部分将会建立起别于惯例性顺序、距离等关系的一个新鲜的体系。克劳德·李维·史陀将其定义为"拼贴"，也是建立在这种超现实主义美学上的。这种拼凑是由关系被切断的各个部分组成的，对于它所表现出来的效果，对于艺术由此而产生的效果，他称之为"隐喻"；而对拼凑的方法，他称之为"引用"[3]。

这里列举的两个事例，都出自 20 世纪初期。时至今日，有时对城市的解读，建筑的构造都仿佛是在套用这些逻辑。同时，又存在着各种各样关于部分和整体的看法。我们考察一座城市一座建筑，或者在设计的时候，不能避开"部分和整体的逻辑"。当然也可以不这样思考，而是体验性地讲述城市、建筑，并进行设计。甚至一种完全出自不同角度关注点的表现活动，有时也会达到一个高度的部分和整体的逻辑层次上，就如我们之前在未来派的绘画中看到的那样。尽管如此，避不开的始终避不开，原因在于，首先，我这个存在，身体因皮肤而建起一层边界，我又因这个带有边界的身体而成为一个个体，而这个个体已经预先定位在了社会、人类这些个体的集合中。这种集合论的构造，在"其他的事物和我"这样一种形式下得以扩张、普遍化，成为一种通用经验式的，基础性的形态；其次，我的意识，它的边界并不明确，在理想存在状态上，它与其他人的意识之间存在着部分共有关系。将其普及化之后我们会发现，我的意识又会是这样一种存在状态：我所有的经历，它们的过程原委中的，现在的意识，它构建了这样一种奇妙的体系——极少部分的现在的意识支撑着我的整个意识整体。这种体系的特性也体现了一个道理：基本性的经历的构造，它自身就是建立在部分和整体的逻辑上的。

回望历史，我们会发现各种各样关于"部分和整体的逻辑"的思索。这众多的思索将来必定有人会将它们撰写出来，形成相关的逻辑史之类的文献资料。而围绕这些逻辑史的创建展开的相关工作，就远非我力所能及的了。我将通过以下记述，把我偶然在知名文献中摘取的，关于部分和整体的逻辑性构想案例做一列举，或有些不成体系，但也结合了城市、聚落、建筑等现实案例。历史中的关于逻辑的构想还会规定事物的存在方式，反而观念，其生成都必须要建立在相应经验的基础上，所以当时人们构想出的逻辑，是在诸如城市、建筑等物质现象的基础上，在事物理想存在状态的基础上构建起来的。

近代建筑有很强的自然科学特性，或者说，它在技术层面上以自然科学性为目标的特性非常鲜明。合理性被看作是一种理念，它的基础便是"部分和整体的逻辑"。直至今日，"部分和整体的逻辑"依然支撑着我们日常生活中的各种思考。笛卡尔曾做过如下阐述："神给物质各部分赋予的区别，就在于神给这些部分赋予的运动的多样性。"[4]但是，这些部分会依照自然法则继续运动。"混沌的各个部分自我解脱，被安置到更好的秩序下，引导世界形态走向极度完全，上述各法则就存在于其中。"[5]这里如果将"世界的形态"替换为城市或建筑的形态这一措辞，那上述言论即可成为近代建筑的暗流理念，无须再添加任何语言。这时如果再将议论推行下去，就会出现一个问题：各法则有多大程度的必然性。牛顿抛开绝对性空间，而针对我们在观察的相对性空间做了以下撰写："整体的运动等于部分的运动的和。即是说，整体的位移，等于各部分位移的和。因此整体的位置就等于部分的位置的和，因此是整个物体的内部"[6]。"时间的各部分顺序是不变的，同样道理，空间的各部分的顺序也是不变的"[7]。如此这般，近代经典力学由此诞生。这里展现出的各个法则，在它们生成的因果性之下成为绝对。能让所有人都能看到这种因果性，换言之，都能看到这种部分和整体的逻辑的装置，就是机器。在近代建筑的发展趋势中，这种机器成为物体理想存在状态的理念。

无论是在法则还是在功能等背景下，都可以看到时代的一个推移——近代建筑已经在一种将法则更加普遍化的形式下，把它当作了一种关系来看待。到 19 世纪末期，这种倾向逐渐明显。我们来看一下齐美尔主张的观点："即是说，首先存在社会这样一个统一体，然而各个部分的性质、关系、变化并非产自于这种统一特性，反而应该说，各要素都有各自的关系和活动，有了这些关系和活动，才真正可以称得上统一体"[8]。"然而，在统一化中，至少还有提供相对客观性的唯一根据存在，对这一点，我是不存在什么疑问的。这个唯一根据就是各部分的相互作用。"[9]

科学观察现象的眼光，也投向了有机体、社会。于是我们便会发现，世界

未必会带着经典力学阐明的那种透明而不断运作。其中，比如说，重视相对性
的倾向逐渐加强，就如同齐美尔的引文中讲述的那样。相对性是一种关系。在
这样的状况下，齐美尔将关注点转向了各个部分的相互作用上，此时，相较于
部分和整体的逻辑，关系本身已经被给予了更高的重视。这种对关系的重视经
卡西尔的如下考察而更加明晰。于是，部分和整体的逻辑可能将面临被关系性
相关的一般学说所取代的命运。首先关于数学的研究，"其中，所谓被统合于
新的统一的'要素'，并不是作为'部分'去构建一个'整体'的外延性的量，
而是一种应该相互规定，进而连接至依存'体系'的函数形式。"[10]这里提
到的函数，就是涉及功能主义时的功能（function）。接下来要引用的内容是
刚才引文的后续，其中对更加普遍化的思考的理想存在状态进行了阐述。"这
里撇开了'整体'及其构成'部分'之间的关系，可添加条件的物体和在思考
这个物体的时候构成的一个个的契机，这两者之间的普遍性关系，将会取而代
之。'莱布尼茨'已经清楚地强调过的区别，已经无法躲避了。一般来讲，对'分
解为部分'而言，站在对立面的是'还原为概念'，后者是一种普遍的基本手段，
它在任何地方都会保证纯粹演绎的可靠性和发展。"[11]

　　卡西尔的主张，在相应的基本方面，时至今日已大部得到认可。当时，不
管是立体主义还是未来派，都有过"分解为部分"的行为，但这样的操作随后
就不再是艺术的主旋律了。如今，观念艺术中的"还原为概念"支撑着表现行
为不可或缺的一端，这也是一个不争的事实，这样的现象也已经超越了"纯粹
演绎的可靠性"。实际上，如今的分析性的记述，肯定不允许你口无遮拦。但
是即使如此，我们也不得不说，卡西尔的主张中，有几个点是有局限性的。眼
下，我们将目光投向"这里撇开了'整体'及其构成'部分'之间的关系"这
一点，观察一下"部分和整体的逻辑"到底在向我们指明着什么问题。首先，
即使卡西尔将关注点投向了实体，对部分和整体的关系也有所言及，但是他通
过实体掌握到的那种关系，原本就不是外延性的量相关的关系。从阿那克萨戈

拉到莱布尼茨，他们的学说中都曾出现"自相似性"这种关系，而实体论的基础，就在这种关系之中。实体论的目标就是通过这种关系去定义和认知部分和整体。我们将这个论点做一扩张，便会发现，大部分的关系都会在"部分和整体的逻辑"之下，为阐明初始性假定的部分和整体的关系，而回归初始，当然并不是所有的关系都会如此。这时，初始的部分和整体的关系（也可以说是一种量的关系）便被重新放置到了一种双重的关系中。若从阿那克萨戈拉至莱布尼茨之间选取一例进行阐述的话，我们最终会发现某个整体与包含在其内的部分两者之间这种初始性的关系中，存在着某种集合，一旦展开对这种集合的分析，就会发现自相似性这种新的关系，随后，新的关系将会对初始性关系进行重新解释，两个关系将同时成立。这种同时把握，就是相应情况下的。"部分和整体的逻辑"。也就是说，生成函数的基础——映射，它的结构原本就如这里解释的一般，是无法"撇开"的；其次，关系不止一个，而是存在一个关系的集合，这个集合才是问题。某些情况下，也许将会有必要在这种集合中，对"整体及其构成——部分这种关系"进行探讨，也就是说要对关系进行分类整理（这项工作极其困难，几乎不可能做到，所以，以具体现象为研究对象的功能论构想就告以失败）。这项工作如果深入展开，那么是否会存在无秩序生成的整个函数的函数，就是一个疑问了。这个问题有些高深，我无法做出细致分析，如果回到普通的关系中，那即便将极其日常的现象从其他的现象中剥离，并设置一个单纯化的体系，也不可能正常地将演绎其中整个关系的关系记述出来。既然如此，那完全可以说，如果将演绎性存在的关系，且用构造这种形式进行一种假定性操作，那反而会造成必须要约束以及定义部分和整体关系的结果（这就是构造主义的态势）；再次，一般所谓"整体"，整体的范围界线在哪里，这一点并不清楚。这种情况，同样也适用于如数学一般的相对抽象化的对象，普通现象就更不必说了。因此，整体在可见的范围内每次都会面临被假定的命运。此外，整体每次被假定的方式不同，最后出现的部分相互之间的各种关系也会各不相同。我们之前探讨过牛顿世界中的"部分总和的整体"，如果是这种整体，则其内部的各种关系是不会改变的，但是这种现象毕竟是比较少见的。也就是说，一般来讲，部分之间的各种关系，就是被假定的整体的函数；最后，我们假设存在某个事物，或者某个记号的集合，然后每个部分都有其意义存在，它们彼此之间在意义上的关系，大部分都是无法记述的偶然性组合。但即便如此，整体上还是会有意义生成（这就是超现实主义的模型），那么，关系论将会怎么处理这种案例。

　　近代建筑向新现代建筑发展的一个重要动机，就存在于关系观念的局限性中，但是即使到了今天，也完全不能说合理性建筑已经无效了。在人们看来，建筑师脑中的合理性，就好比系统理论中体现出的"部分与整体的逻辑"。这个理论呈现的是这样一种结构——用偏微分方程将构成一个系统的各要素之间相互影响的状态描绘出来，然后再根据这个方程式解的性状，使对系统整体的安定性、平衡状态的记述成为可能。从大局来看，这门学问就是近代关系概念的一个终结点，构成系统的各个要素之间相互作用，随时间的变化而变化，在记述规定整体秩序的状态的技法作用下，得以奠定基础。此外，这样的学问之所以能成立，还因为这种数学性记述形式作为一种技法，它可适用的现象随处可见。回头想想，在近代各科学发展的过程中，有机体论性的"部分与整体的逻辑"的相关研究也在一步步扎实地做着准备，在"部分与整体的逻辑"的理论指导下，各种各样的现象也逐渐出现在人们的视线中。时至今日，在数学形式已趋于完备的阶段，我们甚至可以认为现象就是在这种形式下生成的。在这样的背景基础下，贝塔朗菲说出了下面一番话："因此，'整体性'一直以来给人的印象，就是一种空洞、模糊，半形而上学的概念，一般系统理论就是与之相关的一般科学。[12]"

　　近代建筑的合理主义态度是一种趋势，在此之外，优秀的建筑师们又构想出了"部分和整体的理论"。以下将就这类事例做一简单讲解。我们首先讲一下勒·柯布西耶，他的中心思想是"功能＝关系"。将这种思想具体化的机器，已被当作是近代建筑的一般倾向，并得以探讨。起初，我想先就尺寸或者尺寸比例，或与之相关的建筑模型，对其中的逻辑展开探讨。柯布西耶将部分和整体的关系放到尺寸比例中看待，因为在他看来，物体的构成秩序的其中之一就存在于物体所携带的尺寸中。这种尺寸体系，就是以黄金比例 Φ 为基础的级数系统的尺度，称作"模度（modulor）"。柯布西耶的几座建筑，其各部分的尺寸基本上都是依照这个尺度标准决定下来的。因此，各部分的尺寸将通过 Φ 的简单算式表示出来。规定整体的尺寸和部分的尺寸之间的关系，与各部分之间的关系也是相同的。我们且把城市看作一个整体，那么这种尺寸上的秩序，其涉及范围将从房门尺寸直至整个城市的尺寸，比例上的调和便将如这般，在理念层次上扩展至宇宙尽头。若是这样一种思维，那么被假定的整体，也不过是更大尺寸系统的一个部分而已；反言之，假如有一个很小的部分，然后有一个将其包容起来的整体，那么无论它多么小，其中都可以窥见，与相应整体中的秩序相同性质的秩序（关于这里的"部分与整体的逻辑"，之后将放到聚落中进行阐述）。等到所有的工业制品都依照"模度"基础上的规格尺寸投入生产，世界趋向合理主义的时候，这种部分和整体相关的古典逻辑才以惊人之势出现。柯布西耶一方面建造过由特征明显的造型群组成的独特建筑，另一方面也一直在追寻着普遍性建筑的确立。要想实现这种普遍性，建筑生产体制的合理化不可或缺，如构成建筑的各个要素的工厂生产化的过程。在他的构想中，尺寸体系应该是一种这样的形式：建筑部件在各地单独分别生产，当这些部件集合在一起构成一座建筑的时候，它会保证各部分的节点完美配置在一起。

　　接下来关于尺寸比例，建筑历史上曾对它有所提及，而逻辑的起源要追溯到毕达哥拉斯以及毕达哥拉斯学派身上。具体叙述如下："毕达哥拉斯是……第一个用这种名称称呼哲学的人。数与数之间的比例，他称之为'哈耳摩尼亚'，说它是原理[13]"。"毕达哥拉斯已经理解了诸天圈以及在其中运动的诸星的全面调和'音阶'，我们因其本性贫弱而无法听取，他自身却听到了全宇宙的调和[14]"。勒·柯布西耶将藏于欧洲文化深处的"部分与整体的逻辑"完美地当作"冻结的音乐"（如歌德所言）表现了出来。库萨的尼古拉对毕达哥拉斯做了如下详细拓展说明："永远的智慧，在给这些元素构建秩序的时候，使用了无法表现出来的比例（proportio inexpressibilis）[15]"。即是，"永远的智慧已预先知晓，各个元素必须领先（重量上）其他元素多少，水比土轻，相同比例下，空气比水轻，火比空气轻，且重量和大小一起协作，为使包容的元素（continens）比被包容的元素（contentum）占据更大的场所，而进行了相关考量[16]"。关于这段引文，我做一简要解说。"无法表现出来的比例"，即是之后各科学将其中一部分当作法则而进行明确阐述的时候的"关系"。之后的"四元素—重量—场所"的构想背后，隐藏着亚里士多德的《天体论》构想，虽然库萨的尼古拉未做相关说明。这种构想后来成了"向心性空间的模型"。库萨的尼古拉将其拓展开来，用现在的话来讲，现象中有根本性的文脉（context），也许可以认为它暗示着以这种文脉为依据即可搭建模型。"模度"是一种超越场所的，带有普遍性的模型。其根据，就在黄金比例 Φ 中；柯布西耶的《模度》一书中，有一个举单手的人影图，如其所示，合理主义的基石，就在人体的尺寸或人体的行动尺寸中。这幅人影图不禁让人联想到其与文艺复兴的呼应，同时，它也是近代建筑关注物质本身的一个象征。

　　19 世纪末期至 20 世纪初期，人们以一种学术性的方法，将建筑分解为要素，推进了"建筑词汇"整理模型化工作的展开[17]。在这样的背景下，柯布西耶很快就构想出了造型语言[18]，自行设想出了各种各样的建筑要素，随后，近代建筑师们对这些要素竞相选取，充分利用。建筑要素依"屋顶""四壁""地板"等位置而分类，因此，其模型与句法模型有些相似。如果是一座固定样式的建筑，即可使用语言排列组合的概念来搭建模型。柯布西耶提出过"标准"这个概念。在他看来，构架完美的机器就是一种"标准"的体现，所谓标准，举例来讲就是一座建筑在当时的时代中，其所能达到的精炼终极形态。他试图凭借新时代的造型语言——建筑词汇创立一种"标准"。比如一种叫"多米诺系统"的模型，就是他创造出来的。这种模型，它首先会赋予建筑一个由"屋顶庭园 – 中间层 – 立柱"这样垂直的三层组成的场所，以此进行组合，每一个水平面的场所都可以进行自由置换，且可接受无序的排列（自由平面），特别是在中间层场所中，还附加有可进行排列的条件（力学骨架和非承重墙）。这种模型拥有着亚里士多德式的布置，或者说拥有着其相应的阵型，同时也完美地折射着语言学的光辉。柯布西耶在城市构建方面，也引入了社区的概念来构建模型，虽然这样的构想并不明晰。那么"关系"究竟会体现在什么地方呢？首先，会体现在模型的组合上；其次，这个被称作"自由平面"的模型，它在领域构成上无序不受限，关系的第二个体现之处，就在这种结构基础下的排列中。"标准"这个概念主张：虽说是自由形成但实际却是经过细致推敲后构建的平面，抑或是说在一定的物理条件下最终所能达到的相应境界上一种平面（某种句法），是存在的。"关系"就汇集在那里（实际上是不可能将这种"关系"合理性地汇集起来的）。如此一来，模型的组合（粗略来讲是一种句法），或者说模型本身，其实是将平面上的组合从外侧包容起来的关系，换言之，模型就是一种将关系汇总起来的关系。柯布西耶关于部分和整体的功能论逻辑，即体现在了这种模型上。我们可以认为，柯布西耶的整个工程流程都可以用语言学来进行解释。因此，我们接下来将从这个更加广泛的意义上，超越前述模型的范畴，来对模型的形成做一补充说明。

　　弗兰克·劳埃德·赖特称自己的建筑为"有机建筑"是有一定的时代背景的。我们之前引用了牛顿机器的部分和整体的关系。众所周知，针对这种关系，随着世纪更迭，又盛行起了对有机的部分和整体的关系的指责之风。以杜尔凯姆为代表的社会学家，就是其中一例。这里我们追溯一下过往，与此同时，引用一些看似与有机体并无关联的黑格尔的言论。黑格尔在其《美学》中写道：美的一个基准，就是"多种物体的统一"。这是贯穿整个近代的实践理念，也是如今我们需要继承的理念。黑格尔在其中一种理想存在状态中，纵观"有机整体"，做了如下发言：在有机体中"各部分彼此之间相对其他部分，呈现一种自由的状态[19]"，"但是各个部分的这种关联对有机体来说是本质性的。因为这些部分都同属于一颗心。心是彼此间的必然性关联的基础[20]"。其中列举出了关于有机体的两个特性，即部分的自立性和相互关联（依存），以及统一的原因。以此，我们可以看到，有机体论的基本态势已经明晰。接下来，我们将目光转向历史中有趣的一幕。黑格尔将以心为基础的各部分之间的必然性关联，称作"内在必然性[21]"。将事物解体为部分是抽象艺术的一种表现方式，不久后，"内在必然性"便作为这种抽象艺术的依据，出现在了康定斯基的《艺术中的精神》[22]中。即，不管是作品以抽象的形式表现出来的过程，还是观赏者面对作品在脑中组建构想的过程，两者的依据都是"内在必然性"。

从沃林格尔的对比来讲，有机体论赞同的不是"抽象"，而应该是"感情代入"。不过，既然它同时也出现在了"抽象"的逻辑中，那么对于"多种物体的统一"是在一个负责的系统下不断运行着这一事实，我想我们可以以从中窥见佐证了。

另外，为了进一步接近赖特的"有机"概念，我们来参照一下柏格森的学说。柏格森和黑格尔一样，指出了两点。"整个现象界貌似形成了一种不可分割的连续。果真如此的话，那么我们在整个现象界中截取的各种系统，就其本源而言，就不再是相应的部分了。这些体系将会成为从整体中抓取的部分景象。即使将这些部分景象连接拼凑在一起，也无法重组这个整体，连一点头绪都没有[23]"。"各有机要素在参与个体构成的同时，也保持着各自的自立性，个体有自己的生命原理，并以此为原则，若如此，则各要素也将主张各自的生命原理[24]"。如此一来，一种与牛顿的观点完全不同的"部分和整体的逻辑"终将明了。如果这样的建筑能够实现，那么在性质上，它将是这样一种状态：虽然各要素依然拥有着自立性，但它却并不是那种墙壁围起来的房间的总和式的建筑。赖特说消除部分的时候，他所指的是：既有各部分的边界，又是由含边界的领域组成的整体。这是对容器性较强的空间的排斥。用与柏格森的"绵延"学说相对应的空间概念解释赖特的建筑，那就是"流线"。进一步探究"流线"生成的场所的基本性质，得到的结论是"场"。在这种"场"之上，空间呈各种各样的流线状，发生相互渗透、湍流、滞留等各种现象，又如风一般时刻变化。当然，建筑是多义的，需要进行多方面的解释，关键在于赖特通过"场"处理边界，定义了建筑的"有机性"。

关于密斯·凡德罗所体现出"部分和整体的逻辑"，我们已经在上一章"均质空间论"中有所论述，这里不再说明。只是这篇小论自撰写以来已有些时日，期间又有发现，故在此补注两点。第一点是关于均质性概念的。我一直以来以近代古典物理学为参照考察均质性，自笛卡尔、牛顿之后，也曾有人用社会学等学说论述过均质空间。因此，我要表明两个事例。首先是托马斯·阿奎纳。"整体，有两种。第一种是同质性整体，它由相似的各个部分组成；另一种是异质性整体，它由不相似的各个部分组成。任何同质性整体，其整体都是由拥有整体形态的各个部分构成的。比如水。水的任何部分依然是水。连续体就是在这样的方式下，由各个部分组成的；与此相对，任何异质性整体，其每一个部分都缺少整体的形态[25]"。可以说，人们自古便展开了均质性和异质性相关的研讨。也许，无论在哪个时代，同质性整体和与之相对应的异质性整体两者之间，都是这样一种存在结构：前者是透明的，后者则备受关注。杜尔凯姆称这个均质的社会为"群落（horde）"，与他提出的由有机连带组成的分工社会形成对比[26]。他表示，与群落相近的社会，是秩序在法律制约，也就是在刑罚制约下得以保障的社会。第二点，我在撰写"均质空间论"的时候，米歇尔·福柯的《规训与惩罚：监狱的诞生》尚没有译本，但如今已众所周知。在这本著作中，福柯对边沁的"圆形监狱"在近代史上的重要性进行了阐述，也解释了管理社会是在怎样一种物象化过程中得以实现的。边沁的圆形监狱呈向心状，中心地带耸立着监视塔。如果可以将它整体化，换言之，让所有的点都变成圆形监狱，那么这样的空间，就是"均质空间"，也是边沁梦想的现实化，以上就是我的观点。在此附加了杜尔凯姆和福柯，关于均质空间，它的有些特性是可以经两位的学说得以阐明的，这点可以确信。

以上是通过近代建筑的特性联想出的"部分和整体的逻辑"，接下来我们将通过与近代建筑共存的古聚落，再次解读出"部分和整体的逻辑"，并就此进行相关阐述。我们将话题自近代建筑转向带有传统色彩的城市和聚落，原因在于，这是一种对近代建筑的反省，它是反省之路上的其中一条轨迹，而我也刚好踏上了这条轨迹。这里我们将主要讲述的，不是城市、聚落的形态，关于它们，侧重点最多只是解读的逻辑。我们将对物象化的逻辑有所侧重。话虽如此，若要在此描绘出它是如何被物象化的，也有些困难。且原本城市、聚落就是多义的，因此我也并无意纠结于物象化。"部分和整体的逻辑"的文献上的资料也是偶然机缘之下映入我的眼帘，对于城市和聚落的研究亦是如此，它所站立的基础，也不过是对我偶然在调查中遇到的事例的个人解读。但是，可以明确的是，接下来我将依次提到的这些概念，诸如中心性、非连续性、离散性、自相似性、异质性等，都是在论述城市、聚落的过程中不可缺少的概念，毫无疑问，其背景中必定隐藏着极其闪耀又深刻的"部分和整体的逻辑"。

我们首先来看一下关于"向心性构造——中心性"的一些问题。

例如，在有城堡的基督教圈的聚落中，聚落的领域可以分割为城堡、高大城镇，以及周边的低矮城镇。高大领域面积不宽广但计划周密，有时可以看作是大城市的缩影；低矮部分，其自身领域内就有如教堂一般的中心建筑，整体来看空间比较稀薄，秩序上比起高大部分松散，到处都是不透明的区域。两者被分割为中心和周边两种相互依存的事项，没有一个明确的机构可以将两者在物质上联系起来，而将两者分离的机构就是把高大部分围起来的城墙。这种聚落的两分法，在世界各地都可以看到，也可以算是部分和整体最初始性的关系。时至今日我们依然在频繁使用着对立之物的同时存在或调和，这样的逻辑。

若城堡缺乏足够的震慑力，在聚落中遭到隔绝，处在一种孤立的地位上，或者干脆没有城堡，教堂以及广场就会成为中心。这个中心就会转化成一个媒介，将住宅连接起来，发挥相应的作用。各个住宅均开放向通往广场的道路，经教堂和广场相互连接在一起。观察一下其中的关系，某个住宅的附近，如果有其他住宅存在的话，那么附近肯定也一定包含着教堂和广场。在这种聚落中，不管取出哪一部分的住宅集合，其中肯定有教堂和广场存在。在小村子中，在这样的条件下，住宅的所有组合都是作为聚落的部分而成立的。这种情况下，整体同时又是一个部分。柯布西耶曾试图将这种部分和整体的关联在理念上应用到城市构想中。但是在这样的构造中，如果中心的作用过于强大，恐怕以中心为媒介的任意集合将不会再成立，而永远只有整体还留存着其相应的意义成立。

根据亚里士多德对场所的解释，所谓教堂的领域，就是在日常生活中不在原本位置的人为找回人类应有的姿态，而应该回归的领域。聚落就是由这种神圣的领域和日常的领域组成的。去教堂的这种活动的原因，就在否定之否定的辩证法中。存在于日常领域中，就是对"不在原本应该在的地方"这一事实的不间断地否定的表现，说明存在一个神圣的领域。这种反复活动最终确定的方向性，即可衍生出向心性空间的场意义上的解释。首先讲述包含中心的部分的规定，包括向心性空间和其他要素的关系，不过是遭到了静止化的认知。这样的聚落空间，在他人和神面前是在展现着自己的改变的。

基督教圈的集落，其中也包含多样的变化形态，原理上来讲比较突出的是其二元关系和中心性。针对这种关系，用展现差异的方式可以认知各种各样的聚落。首先，基督教圈中的集群式（clusterpattern）聚落就是其中一例。所谓集群（cluster），指的是聚落中紧密相连的住宅的部分集合。这种集群，并不是偶然生成的，所有的住宅都属于某种特定的集群，这种形式，才是集群式聚落。在这种聚落中，比如几家住宅共享同一个庭园，在这种形式的牵引下，集群宛如一座住宅一般，对整体展开运作。多个要素聚在一起，形成更高一级的要素。我们尝试将它展现在示意图中，便会呈现出这样一种形态——假设取出两座某种特定的住宅，如果住宅的自立性很低，那么集群的自立性就会很高。这种情况下，对于集落，我们至少必须要把它当成跨两个层级的双重构造来讲述。

这样的形式世界各地都可以看到。而且，若把集群看作一种要素，并从这个层次来看，聚落又有多种多样的变化形态，如中心的有无、集群自身边界的有无等。从集群聚落这个观点来看，根据聚落的中心是清真寺还是教堂，有一种模式是可以实现相互置换的。相应的事例可以在位于里海沿海和中南美的聚落中探寻得到。再进一步分析，我们还可以在非洲热带稀树草原的集落中，在印度的集落中，窥见双重构造进化成多重构造的事例。于是我们便可以在住宅的聚集中看到等级制度。这是一种类似套盒的构造，"房子中的房子"。反向角度来看，又呈现一种"聚落中的聚落""城市中的城市"这样的结构。

在集群型聚落中，因为同属一个集群类型的住宅之间紧凑相接，所以部分的多样性会受到限制。在把集群当作一种要素看待的情况下，部分的多样性是由上一级的聚落构造决定的。存在集群的状态，与我们在分类整理的时候使用的各个概念是相符合的。它所展现的是：若依据某种共通的特性（这里指特定领域的共享性）对整体进行分割，那么将会变成直和分割。

同心圆式（多重闭合曲线式）的聚落或城市也是存在的，它们代表的是向心性和多重性重合的相应事例。文艺复兴时期的理想城市计划很喜欢采用这种配置的构图。例如，康帕内拉的《太阳城》，就是用文字描绘出的同心圆式配置城市。康帕内拉在这本书中对亚里士多德做出了批判，但他描绘的城市原型却来自亚里士多德的《天体论》中的宇宙学。这种配置形式下的城市中，存在聚落，但是数量不多。据我实地考察，可以说相应的聚落只有位于阿尔及利亚姆扎卜河谷的小城市群。从文献上来看，也少有还保存着清晰图示的现存案例。姆扎卜河谷小城市群中的盖尔达耶，是一座沿小山状地形延展开来的城市，其中心地带是清真寺。这座小城市之所以呈同心圆状构图，其沿等高线延伸的环状道路自不必说，同时，也因为这样的构造，它展示着城市发展的轨迹。这座城市最初以清真寺为中心，住宅呈圆形环绕，整体由城墙包围。随着时间的推移，城墙外开始出现住宅，然后又有新的城墙将它们包围起来。就这样，一座如年轮般的城市逐渐形成，整体俯瞰，便构成了一个向心状的空间。一座城市会在无序蔓延之下选择这样的发展方式，但这种集合学式构图也会因为一些因素的介入而无法再继续保持。比如特异性中心的出现，地形引起的均等发展的障碍等。盖尔达耶并没有遇到这些阻碍，也许就是这个原因，城墙后来经历了重修工作，如今城墙虽已残垣断壁，但它留下的构造痕迹相对比较清晰。

　　同心圆式构图的城市，其生成过程，作为一种观念来讲，不禁会让我们联想到新柏拉图主义者们的"发出"（或者说"流溢"）的概念。普罗提诺等新柏拉图主义者对于部分和整体这一问题，展开了极其丰富的想象力，这一点我们之后会讲到。众所周知，普拉提诺对如何从一生多这个问题进行了考察，并导入了"流溢"（Pro Hodos）这个逻辑性构造。这个构造会让人联想到其与亚里士多德的同心圆式宇宙学的相似性，但其实普拉提诺却对亚里士多德的构图发出了批判，称其中缺少发生性的解释，并回归本源，把"为什么多层性的世界会诞生"这一问题抽象为一个动因，做了相关的解释[27]。新柏拉图主义的逻辑性构想，被伊斯兰教世界所接受，特举一例，如，它以伊斯玛仪派的流溢概念为立足点，发展成了一种拥有 10 个层级的构图。此外，法拉比、伊本·西拿等人也沿袭了这个逻辑构造[28]。伊斯兰教世界对这种构造的采用，与新柏拉图主义者们的构想出自相同的动机，都是为了探寻神的唯一性和现实世界多样性之间的脉络。将流溢的构图结合至同心圆式构图实属操之过急之举，不管是新柏拉图主义还是伊斯兰教哲学家，都并不是直接展示同心圆式构造的。直到亚里士多德的构图出现，才算有了与这种构想的对应。严格来讲，流溢的空间构想在图示中的展现，实际是经卡巴拉教徒们之手才得以实现的。

　　犹太密教卡巴拉的信徒们着实立下了许多功绩。例如，当今的研究热门——数学图表，就是当时卡巴拉教徒们用来表现关系性的一种手段；试图用 22 个希伯来语文字来讲解世界构成原理的也是他们（伊斯兰教世界也有同样的看法）；他们还曾将卡巴拉生命之树（倒生树）的构想用图示展现了出来。卡巴拉教徒们的特征之一就在于他们的象征主义倾向：喜欢将原理用图示来表达。普遍认为卡巴拉教徒们在很大程度上受到了新柏拉图主义的影响，他们参照流溢的逻辑构造，构筑了质点（Sefiroth 复数）[29]概念下的宇宙学。据查尔斯·庞塞称，所谓质点，就是一种从那里开始引发世界所有变化的抽象整体。质点有两面，其中一面，可以比作引起变化、样态改变的媒介——船（容器）；第二个特性是一个永恒的常数，不变性，可以比作光。每一个质点（Sefirah 单数），都可以看作是"光之船"[30]。也就是说，在这个恒常性媒介的作用下，世界上的各种现象层级性地生成。可以解释说质点生成了四个世界领域（天界）；也可以如伊斯玛仪派一般，认为世界是在 10 个层级的质点作用下被创造出来的。卡巴拉教徒主要凭借图表和同心圆式图式两种技法，将世界构造图像化。

　　但是，卡巴拉教徒的同心圆式图式为了效仿传统的宇宙学图式，将更加本源性的天界配置到了外侧的圆环中，将中心地带看作成现实世界。这种图像化，很难想象它是忠于流溢概念的。从这个意义上来讲，我们认为同心圆式图式的城市才是更直接将流溢的概念表现出来的形态。如果将城市用宇宙学观点来进行解释的话，那么其实向心性排列的城市才是更贴切的事例。此外，很多的理想城市的构想，都尝尝试图反映整个宇宙。卡巴拉式图式的向心性城市中，中心和周边正好处在一种完全相反的关系中。但是，卡巴拉的同心圆式图式的特性就是大圆内含小圆，可以认为它在试图通过这种特性，将本源性质点内含后续质点的状态也表现出来。

　　卡巴拉图像学的伟大之处就在于，它将 10 个质点的关系图、功能图，全部体现在了图表中。这是一种展现关系的几何学配置、整体布局。前面讲到的柯布西耶的"标准"，指代的是巧妙的图式，正如卡巴拉一般，这点已经明确。我们试图在东方世界中寻找同类事例，会发现卡巴拉教徒们描绘的两种图式，对应的应该是曼陀罗图。

新柏拉图主义的流溢逻辑，在部分和整体的关系中，展现着由包含顺序的各部分组成的整体的秩序。特别是这个顺序，堪称创世纪性的发展的顺序。若将这种循于顺序下的秩序用图表展现出来，那么呈现出一棵生命树；它同时也是一种力量，一种将多样性物体汇总收纳至单纯物体中的力量。换言之，它同样也是针对同一和差异的考察的基础。例如，普洛克洛斯认为，在生成的过程中，同一性或者说相似性是会留存下来的；而差异性是要被排溢出去的。此外，斑岩对分类型范畴做出的反复考察，随之得到了我们的理解。各个部分均得以排序，但接下来它们不会单纯地发散，还会回归合一物体的状态[31]。在这种回归（epistrophe）作用下，各个部分被赋予发展性的认知，它们将使整体的秩序更加稳固。在此，亚里士多德提出的物体原本存在的场所这一思想得以一元化，并使向心性空间的外在形态更加完善。

接下来我们看一下关于"离散性构造 – 非连续性・离散性"的相关内容。

姆扎卜河谷中的小城市呈如前述所示的向心性空间形态，但与此同时，它其中还蕴含着些许"部分和整体的逻辑"。在从伊朗到摩洛哥，远扩至地中海沿岸的沙漠地带，以这片区域为主体的伊斯兰教文化领域中，有一种共同的住宅形态，这种形态就是上述特性的根植基础，所以，我们可以用一种更普遍性的形式对其进行记述。即，这个区域的住宅都带中庭，房间以中庭为中心排开，针对外部基本是封闭的。在城市、聚落中，住宅群共享一种建筑形式。也因此在城市中，配置排列的自由度较高，可以安排得很充实。这种住宅的构造，展现了以家庭为单位的社会中的自立性，与日本的开放式住宅形成鲜明对比。这种住宅的自立性在世界各地得以确立，展现方式亦多种多样。但其实，像伊斯兰教圈住宅这么封闭的住宅很少。有中庭的住宅是世界住宅的其中一个基本形式，其封闭程度因场所而异。伊斯兰教圈住宅的高封闭性，其成因主要可以从三个方面来解释。第一，出于防卫目的。伊斯兰教圈传统上喜欢把城市、聚落当成要塞，他们必须要保护聚落不受游牧民族的侵略。封闭起来的各个住宅，便是整个防卫系统中的构造之一。第二，出于社会制度上的原因。伊斯兰教的城市总体来讲城市制度不够完善。此外，在伊斯兰教法的规定下，家庭生活和社会生活是分离的[32]。第三，出于风土的原因。其实并不是所有的伊斯兰教文化圈住宅都是封闭的。确实，这种沙漠中的住宅对外部会表现得尤为封闭，但是，对于物理性的身体而言，建造一座舒适住宅的方法，它其中所蕴含的意义绝不止一个。这个理由跟上述两个理由比起来相对较弱。

从发展性上来看，住宅自立性较高的形式，是一种极具代表性的，社会关系的必然性归宿。但是，这种致使住宅相互隔离的制度，可以认为它与接下来要讲到的空间概念是相符合的。这种空间概念就是伊斯兰教正统神学伊斯兰教义学（kalām）确立的空间论，它试图通过对空间的非连续性认知，来对物体的运动做出解释。这种对空间的把握，我们可以认为它来自于希腊时代备受关注的一个争论：是否存在中空（void）。巴门尼德、亚里士多德站在不存在中空的立场上；而毕达哥拉斯派众人、德谟克利特等人则认为中空是存在的。伊斯兰教义学众人应归属于后者的派系中。随后，他们将中空看待得更为积极，认为原子在运动的时候，会跳过构成空间的非连续性空间要素的区域[33]（我在阐述未来派绘画的时候，附注的就是这一点）。此外，据井筒俊彦先生称："原子偶然聚合在某一个地方并悉数排列在一起的时候，'物体'的形象就会生成"，在这种观点中，"占据支配地位的，不是亚里士多德的'生成'和'消亡'，而是'聚合'与'离散'。"只要言及运动，时间概念必然要被列入解释的行列中，而时间它的每一个瞬间也同样是在非连续性地持续着。时空性非连续论之所以能成立，是因为"神每时每刻都在重新创造着这个世界"，也因为他们认为"自然界绝不存在因果关系这种东西"[34]。

含中庭的口字型布局（环绕式布局）住宅聚集的城市、聚落，会让人联想到由伊斯兰教义学描绘的空间要素构成的空间。当然，并不是说，城市中的各种活动与住宅、空间要素之间的对应，会对其本身做出解释，城市空间的形态都是类似的。暂且抛开这个错综复杂的争论，且看一下伊斯兰城市的航拍图，这种相似性瞬间一目了然。普遍认为莱布尼茨的单子论继承了伊斯兰教义学的理论。这个理论（据马克思·杰明指出）将使空间性形态的相似性得以展现。很明显，莱布尼茨导入实体的概念，是为了解释物体世界的构成，在他看来，物理性的"一"（与观念性的"一" 相对立。比如数学上的），只能通过"含有物体气息的点，即实体的原子[35]"才能阐明。假设我们把城市、聚落看作一个实体，住宅就是那个有气息的点。换句话说，城市是合成的实体，住宅是单纯的实体，如果是单子论，就可以理解了[36]。莱布尼茨认为，实体之间的关系已经预先在宇宙的各个实体中被规定好了。这个有名的"预定调和"概念，遵循了法律的基本精神，给予了住宅自立性，与伊斯兰教规划城市的方法相符合，当然，伊斯兰教并没有成功地在制度上稳固地构建起城市构造。（实际上，伊斯兰教的城市中也并不是各种各样的建筑构想、手法四处充斥，住宅任意排列的景象。这里已将那些构造抽离，并以住宅的强大封闭性为基础，从概念上对城市做了认知。）

　　莱布尼茨认为，关于观念性的物体，特别是连续性的物体，整体是先于部分的；而对于实际存在的物理性的物体，单纯体是先于聚合体的[37]。这个观点在实际存在的世界中确立了个体性物体的命题，同时也表达了他试图构想出普遍性的意图。我们不得不继承莱布尼茨这个构想。例如，对于"预定调和"，不用说前面提到的贝塔朗菲，对我们而言也是极其难理解的。但是如果纳入秩序轨道的世界的构想未立足于个体性，那么这个秩序到底还有什么意义呢？可以说这个问题，正是对"部分和整体的逻辑"进行探求的出发点。

　　我们刚才以伊斯兰城市为例进行了相关说明。若从其物质性着手，则我们将无法就其离散性展开探讨；若从尊重物质性姿态的聚落形态学入手，那么就需要设置其他非连续性构造等分类。在这个事例中，墙壁将住宅从周边隔断，这个强有力的边界，将会生成与离散性相通的非连续性，城市是依空间的特性而存在的，而空间则行使了容器的功能。我们之所以称它为离散型聚落，是因为其典型代表就存在于中南美印第安聚落中。这种聚落是散居村，住宅散布在休耕土地上。

这种聚落形态，其构成非常巧妙。一座座的住宅，彼此之间坐落的位置很近，走到外面就可以听到对方的声音。从结构上看，其周边是休耕地，也不知道算是农田还是广场，每一座住宅都有其自身的自立性，但同时又能自由地与周围的住宅取得联系。木造住宅的巧妙构造和坐落配置也缓和了中南美地区特有的不毛地形。整个地形作为一个场，它经历了重新构造，而上述各种效果也在这种重新构造之下得以生成。这种聚落形态可以在玛雅、印加文化圈中看到，关于解释这种聚落形态的逻辑，可能已经找不到相关文献了。我预感在这种聚落形态的背后，隐藏着我们所不知道的思想。我不断寻访着这种类型的聚落，在这个过程中，我想到了离散空间，也可以叫作拓扑空间。所谓离散空间，首先，它是一个部分集合，它的每一个点都有意义；其次，每个部分集合自身也有其意义存在。这种"部分和整体的逻辑"构想已趋于理想化，我们可以在工团主义（承认任意的自发性团体的一切）或无政府主义派系的思想中看到它的身影。与之站在对立面的是法西斯主义，它所蕴含的意义非常贫弱，不是整体，就是死亡等，用拓扑空间来讲就是密着空间。

那么接下来，我们将阐述"部分和整体的逻辑"。这个问题可以说是最有趣的部分，我们已经通过对聚落、住宅的调查对它有所了解。之前也已经通过"套盒构造－自相似性"这个概念在某种程度上对其进行了说明，但是不久之后，这个概念可能将无法再做出充分的解释。最初的调查，我走访了摩洛哥。当时，在从地中海岸去往马拉喀什的途中，我还是去拜访了那些由高墙围拢的住宅群组成的聚落。但是，这些聚落跟伊斯兰的城市、柏柏尔人的传统村落（卡斯巴）

又不一样，住宅散布之间，会留下适当的空隙。聚落的共享设施只有一座小小的清真寺，位于稍远一点的地方。只有坚固封闭起来的墙壁矗立在那里，形成着一道异样的光景。四面墙只有一个入口。我们被带领进入住宅中，看到庭园，看到各种形式的房间沿四周的墙壁排列开来。其中也有澡堂，有各种家畜的小窝，堆放着一些燃料，还有些收获的农作物。这样的光景跟住宅外完全是两个不同的世界。外面什么都没有，一片空虚；而内部则会给人一种应有尽有的感觉。就如一步踏进城墙围拢的城市中时的那种感觉。从这种聚落和住宅的关系中，我分析，住宅从其起源上来讲，除了那种融入进共同体的原始共产制形态，是不是还存在着自立程度较高，又由家庭组成的共同体？对于这个疑问，我没有再进一步深究。之后，随着我对聚落的调查的不断深入，有一种构想在我脑中逐渐强烈：包含一切的住宅。我在墨西哥、伊拉克、印度等地遇到了同样由墙壁围起来的巨大住宅；在伊朗看到过将自来水、农田围起来的住宅；在危地马拉甚至还有将死人埋在地板下的住宅。将这种包含一切的住宅发挥到极致的，是西欧的城堡、南美的庄园等。但是，实际上比这种包含一切的住宅更能给人一种全方位感觉的住宅，还另有存在，有边界与四周隔开，且形式规整的住宅。在我接触的住宅中，让我强烈体会到这种全方位感的是巴厘岛的住宅。巴厘岛的聚落，有时候会以三座寺庙等作为共享设施，邻里间的椰子树互相交错，住宅之间的隔绝性似乎并不是那么强。但是依然有围墙将住宅与周边隔开，内部大约有五栋建筑列位其中。可以说这是一种伽蓝寺院式的布局，整个布局方式看上去就给人一种神圣的感觉。东北方向的角落区域中，一座小小的塔状祠堂亭亭而立，亡去的故人依然可以和家人共同生活。与此同时，参与到人们的日常生活中的，还有驱魔的一些装置、农田、家畜、收获的农作物、盛开的花朵、枝叶繁茂的树群，堪称一个自给自足的世界。各家之间虽然有着丰裕程度、种姓等级的差异，但依然可以共享同一种形式的住宅。再说到他们的村落，并没有与外界隔离开，但那里又是更高层次的自给自足的世界。

包含一切的住宅因为形式规整，所以俨然转化为了一种宇宙学层次的住宅。柱子就是世界之轴（axis mundi），甚至会打开通往世界的关口，开启世界之门。聚落中一般会设置一些与灵异之物通灵的场所，如世界之树、通往天界的楼梯、金字塔等。我们会遇到试图将整个宇宙纳入其中的住宅、聚落，从日本的古代住宅、中世纪的茶室起，直至世界各地，虽然它们彼此之间在对意义的规整上存在着差异。它们的依据，就是全中全的原理（all tings in all things principle），即：一切中有一切。从西欧的源流上来讲，这个原理首先可以在阿那克萨戈拉的思想中看到。对于他的思想，我们可以做出如下理解：用现在的话来讲，从混合物一般的存在中可以提取出无数的性质。这就是阿那克萨戈拉的着眼点。他认为，对于所有的物体而言，性质的集合的浓度都是无限的，"一切物体之中都有一切[38]"。这个思想受到了新柏拉图主义的关注，例如普洛克洛斯曾说："一切物体之中都存在着一切，人们都会选择适合自己的存在形式，存在于各自的物体中。[39]"斑岩也认为："整体就在各部分中[40]"。这个思想之后体现在了库萨的尼古拉的缩限（contractio）概念[41]中。库萨的尼古拉认为神在创造一切的时候，以浓缩的形式生成了万物，因此可以说他直接继承了阿那克萨戈拉的思想。然后莱布尼茨将单子论看作"宇宙的镜子[42]"。莱布尼茨从当初的构想中，指出了人类制作的机器和自然的机器构造的不同，并提出："自然的机器，不管聚焦到它多么小的部分之中，它依然是机器，不仅如此，它无论哪里，都是跟之前相同的机器。[43]"如此一来，"整体在各个部分之中"这个逻辑，便开始以各种形式出现在西欧的文化中。观察一下之前出现的卡巴拉教徒们的表现方式亦可发现，他们曾试图将世界的构造[44]写入22个希伯来语文字中，也曾试图将金子的生成过程予以象征[45]。

回过头来，谈到日本的一切物体之中都有一切这个逻辑，离我们身边最近的实例就是茶室，现在我们尝试追溯一下它的源流。首先，这个逻辑的根基，也许我们可以在《奥义书》的"梵我一如"中找到。但是这个思想太深奥了，我很难解释清楚，这里仅作一概述：这个思想所推崇的理念是，宇宙物理的根本性天理"梵"和个体的本质"我"实现一体化。这个理念与新柏拉图主义的思想家们的思想如出一辙，都试图说明一和多如何同时存在，并让理念在这条思路上开出了花朵。它俨然成为一个"语言的无限流出装置"，创造出了一个连佛教思想都囊括在内的体系。之后我们要讲到印度的聚落构造，作为关联性参照，我们研究《奥义书》中的一元论倾向，即可发现，印度原本的世界形态构想是多元论的。这一点《吠陀》中的多元性诸神已得以象征展现。印度的聚落现在依然保存着这样的多元性构造。《吠陀》传于世间之后，一元论性的征兆即开始出现。例如《梨俱吠陀》相对较新的部分中，即有这样的事例[46]。《梨俱吠陀》中所体现的意识的变化、向一元性物体转变的时机后来都在《奥义书》中得以传承，"梵我如一"的逻辑由此而生。

梵即我，如何才能把握这两个概念？这个问题是《奥义书》探究的根本所在。在《大森林奥义书》中，对乌舍斯多·贾揭罗衍那的问题，耶若伏吉耶反复回答道："居于一切中的这个自我就是你的自我。[47]"另外，在《歌者奥义书》中，乌达罗伽·阿卢尼曾对儿子希婆多盖杜说："这一切众生都以存在为根。"关于物体，他对儿子说："它是自我，它是你，希婆多盖杜啊[48]。"我是你，也是另外一个你，耶若伏吉耶针对伽尔吉的狂热追求，这样说道："伽尔吉，你不要问过头[49]。"

但是，针对这个不可以过度追问的问题，耶若伏吉耶指出了一个逻辑形式，开辟了道路。这条道路虽然没有直接对"我"做出说明，但提及不灭的物体，并解释道："它不粗，不细，不短，不长，（不像火那般）红（也不像血液那般），（不像水一般）湿（也不像脂肪一般），无影，无暗，无风，无空间，不接触，无味，无香，无眼，无耳，无语，无思想，无光热（或活力），无气息，无嘴（或脸），无量，无内，无外。它不吃任何东西，任何东西也不吃它[50]。"这里展现出的全否定形式，即称为"非而非"逻辑。作为"无限流出装置"而发挥作用的，正是这个逻辑。

"非而非"的逻辑，实际必须要将耶若伏吉耶否定的内容全部再否定一遍。我们可以在原始佛典《宝行王正论》[51]（*Ratnavali*）中看到这种形式的推进和扩充；而它在给日本中世美学带来莫大影响的《摩诃止观》中，已全然完备。例如，所谓法身，即身・非身・非身非非身；般若亦是知・非知・非知非非知；解脱亦是脱・非脱・非脱非非脱[52]。总结一下，这种形式就是 A・非 A・非 A 非非 A，意义如下：为 A，又非 A，既非为 A 之物又非非 A 之物的物体。这种形式贯穿出现于"部分和整体"各处的，这种新型的整体形态，正是日本中世所追求的美的目标。若将这种逻辑形式与辩证法的逻辑做一对比，那么我们在常识层次上所认知的，西欧和日本文化理想存在状态的差异也就可以理解了。

辩证法是一种静态的逻辑形式，如果将现在非它原本姿态的状态予以否定反转，它就可以回归原本的姿态中。这种情况下原本的姿态是明确的；而到动态的逻辑上，要回归原本的姿态这一点是明确的，但却并不预先知晓它原本的姿态。不管在哪种情况下，当前状态的规定、应予以否定这样的规定、（若为静态即为）应有姿态的规定、（若为动态即为）存在应有姿态的规定，如此，物体极其状态都是清晰可见的。比喻性来讲，现象的轮廓是既定的。现象的边界是已定的。例如，有一幅画摆在面前，我们也可以将对象真实地描绘出来，而在建筑中，我们可以树立墙壁，围拢确立一块领域。从特性上来讲，辩证法可以说是指示性行为的基础。与此相对，涉及"非而非"逻辑，是将某种状态视为可，还是将否定它的状态视为可，我们无法做出任何类似的规定。不如说反而将这种规定撤销，本质才会现身。物体极其状态可以说是不可能清晰可见的。无法清晰可见的状态走向终结之时，即存在着物体应有的状态。轮廓是不定的，作为边界的墙壁也是无法确立起来的。例如在建筑中，就会出现"既是某个领域又非某个领域"这种难规定的空间。即，会有作为场的空间出现。"非而非"的逻辑，支撑着已扩展的指示行为。西欧和日本的文化差异，亦在这种逻辑的差异下得以阐明。

一切物体之中都有一切的观点经"非而非"的逻辑得以证实，后又在日本中世的歌论、连歌的锤炼下，追溯至茶的美学。藤原俊成将歌之道与佛之道予以融合，立足于"烦恼即菩提"的天台止观（摩诃止观），持"论歌之深道，如空·假·中三观，遂并行记之"的基本态势[53]，借此指出歌中隐藏着天理和世界观。很明显，他将"歌"看作了一种行为。而心敬，则提出了如"故，则篇·序·题·曲·流五要素即明示五大所成·五佛五智"这般具体的隐藏构想。即，连歌的五句形式，与地水火风空的宇宙论五要素，与曼陀罗中的五佛构图是相对应的[54]。这种形态后被茶之道所继承，南坊宗启曾说："实为尊贵稀世道人，思此为茶道，实乃祖师悟道也[55]"。在这样的发展流程中，在经历了各种美学理念的洗礼之后，"冷却"理念开始逐渐向茶室空间渗透。例如，珠光曾提出"冷枯""冷瘦[56]"，据《山上宗二记》中的记述称，如心敬所言之"枯败寒彻"，绍鸥也常言说"望茶亦然"[57]。"冰冷"这个美学理念，即是"非而非"逻辑的内在写照。

我们将物质上趋于完备的住宅构想，放置于一切物体之中都有一切这个逻辑的出发点上。然后我们便会看到，与在形式作用下抽象化、图示化的宇宙学相对应的变化形态，就如巴厘岛上的住宅。进而看到将宇宙的构成映射到记号中的象征形式，如卡巴拉教徒所为。这样的转移，同样也是实际存在的事物的形态逐渐消失的过程。这个过程自身，也为可明确表明事物性质的物体提供了一个消灭的场，即"消逝"的空间，展现了信息量的减少，温度的下降。"冷却"的空间，即出现在这个系统的终结之处。这个空间中依然存在着一切。但是一切又会在"非而非"逻辑的媒介作用下，既存在又不存在。在场的观察者触到了自己体温逐渐下降的感觉，这是唯一的先决条件，只有这个条件成立，这种存在和非存在的同时形式才能展现出来。我们在日本的聚落或民房中偶尔看到的欠缺或充实的风景，便是"非而非"的内在写照。如果一切物体之中都有一切，呈现出来的空间的容量就会被抽离。语言、行为、舞台，实际存在的空间等可以极其微小。它们的极其微小，可以将这个世界观更忠实地展现出来。普遍认为，如此一来，歌、俳谐、茶水、能等传统艺术和日本式象征的美学便得到了引导和推进。

接下来我们讲一下"混合型的构造——多样性"。

不必刻意去苛求展现一切物体之中都有一切这一理念的形态，在社会性需求的带动下，内含多种要素的聚落自会存在。普遍来讲，在传统的聚落中，一种住宅形式会由各个家庭共享。而在印度的聚落中，有时会看到几种住宅形式同时存在的状况。聚落趋于多极化、多中心化。这种情况不仅限于住宅，有时在同一个村落中，会有清真寺和寺庙（印度教的寺庙）同时存在，或者还有自古以来便有诸神坐镇的某些神圣的场所。甚至还可以看到各种种姓制度下的领域（妥拉）的存在。对于印度这种由不同性质的要素构成的聚落，我称之为"混合型"的聚落。在印度，我们观察聚落群，还会发现每个聚落都在发生着剧烈的变化，从宏观上来看，印度全境就是一个巨大的混合型形态。我们着眼于住宅形式完备这一点便会发现，世界各地的普通的聚落是带有均质性的（homogeneity）；而印度的聚落则带有各种不同性质的物体同时存在的多质性（heterogeneity）。

如我们所见，统一多种物体的逻辑，已经围绕一和多这个问题，自古便在西欧世界进行了研究。但是，近代和更早之前相比，多种物体的存在状态之间是存在差异的。近代之前，多种物体会预先被纳入阶级体系中，看上去已经步入秩序的轨道；与此相对，近代的多种物体则是并列放置的。乔尔丹诺·布鲁诺在提出"多样的世界"时，我们可以认为，内含这种对等但多样的物体的空间，是在很大程度上被给予关注和感知的。而印度的聚落也是一样，也不能说完全让人感觉不到顺序，毕竟聚落其实基本上，就是不同性质的物体同时存在的一个场，一个空间。时至今日，印度的聚落依然继承并展现着吠陀诸神创造的多元形态，也因此，上述状态才能得以理解和认可。总体来看，印度的聚落中没有一定形状的广场。无形（无固定形状）的空地，使种姓制度下的多种妥拉得以共存。这个空地，跟我们之前讲到的赖特的建筑中所体现的场类似。那么内含乔尔丹诺·布鲁诺的多样世界的空间[58]，是不是就是类似无形的空地一样的东西呢。洛克很清晰地意识到这一点。洛克以经验中得来的观念为轴心，对"部分和整体的逻辑"进行了考察，观念中包含单纯的观念和这些单纯的观念合成的复杂观念。在洛克看来，所谓实体，就是本质上难以把握的物体，也是将单纯观念的集合归纳为一个整体复杂观念的基体[59]。可看作是这个实体的形状的复杂观念，就是形态，观念相互之间的比较中衍生出的复杂观念就是关系[60]。继洛克之后，对于近代文化，人们试图根据形态和关系去窥探其实体。物理学上的场在麦克斯韦和爱因斯坦的研究下得以阐明，包括之前解释过的系统理论等，都是窥探实体过程这种行为操作的成功案例，如果将超现实主义的拓展开来做一解释，那么它也可以算是其中一例。

那么，如果试图从混合型空间中推导出这个逻辑，就必须要列出所有关于"多种物体的统一"的逻辑。但是关于这个问题，我们已经以有机体论为代表进行过相关探讨，这里不做赘述。但是，朝多样性方向的推进发展，在乔尔丹诺·布鲁诺的带动下得以再度启动，时至今日我们依然接受这种发展的馈赠，期间我们也经历了种种的艰苦争斗，但最终依然没能给他一个明确的回复。也因此，直到今天还有很多人在讲述差异。现在我们稍微看一下印度聚落的物质性构造。

印度的聚落之所以容许不同性质的各要素同时存在，是因为它们的聚落基本上结构非常松散。而服务于这种松散结构的主要装置主要有三个。第一，空地，不是广场，而且是不可见领域（妥拉）的复合性空地；第二，将中心安放至边缘（edge）地带的布局（假设就这种聚落而言的中心，它已经偏离了通常所言的中心的意义，在这种情况下，将多个极或核等部分放置到聚落两端部分的布局）；第三，把建筑当作展现自然优越性的手段。这些技法的导入，均是为了

让聚落的物质性结构不那么紧凑。当地的部分集合，由作为聚落构成要素的住宅，
隶属于一个妥拉的住宅组成，人们试图给这种部分赋予自立性，并以这种形式
将其留存下来。此外，在印度的聚落中，大部分都存在一个阳台，关于这个阳
台的作用我认为需要略言一二，否则有失偏颇。这个阳台是男性的领域，是社
交场所。换言之，这里的住宅虽有自立性，性质各不相同，但这个阳台是每家
住宅都有的。因此，阳台就仿佛承担着一个接口（将不同性质的部分结合起来
的调整界面）的作用。有机体论中的，功能上被特殊化的各个部分之间的连带
性，以及确保相应构造中的各个部分的自立性，上述阳台这个装置便对这其中
的逻辑进行了补充，亦或者说它暗示了一种更具超越性的构造和逻辑的所在。
我们将这种构造与下面将提到的中井正一的意见做一对比，趣味自在其中。"就
巴门尼德的理念而言，与其承认外侧存在一个无限延展的空虚空间，不如追究
一下内侧的空间是否有空隙。阿那克萨戈拉认为外部的空虚其实只充斥着空气，
真正的空虚是不存在的，并对此进行了证明，为什么需要这种空虚的存在，其
动机是验证空隙是否可能将物与物之间区别开来，可能性的存在与否也是个问
题。这种刚好可以给予孤立和空隙程度的混沌，就是被称作"场所"（topos）
的空间意识[61]。"在这篇文章之后，中井正一也说道，这里的"topos"的定义，
与亚里士多德的"*Topica*"（《论题篇》）意思完全相反。我们话题再转回来，
在巴门尼德的空地概念中，物体不会预先携带着具调整性的一面出现。外部是
混沌的。"巴门尼德的模型"展现了混合型的一种形态。

我们对世界各地的聚落的集合做一展望，并尝试将其中的景象描绘出来，
便会发现，各聚落相隔甚远，并没有什么紧迫感，与印度聚落的那种混合系型
系统又不相同。非洲热带稀树草原上的聚落群相互之间也有距离，但相隔并不
甚远，有时彼此之间存在的距离是这样一种情况：不同的聚落互相之间可以将
对方收入眼中。语言学的模型可以同时将差异性和同一性展现出来，对于上述
类型的聚落，就它的造型而言，我们尝试用语言学模型做一解读。他们的聚落

的构成要素有：含各自组合方式的方形楼栋、圆形楼栋、谷仓。各个组合都有一定的排列方式，我们假设其中没有普通话，全部是方言。如此一来他们便可以共享造型语言的"一览表"。我们要从这个表中，选出适当的构成要素组成聚落，其周边一带，又会出现这样一种聚落群的景象：它们各自之间彼此相似同时又各不相同。这个景象就是顺畅变化的混合型的景象，也是宁静乐园"部分和整体的逻辑"的景象。

　　以上，我就多方角度的"部分和整体的逻辑"论述一番，最后我想将重点放在一个逻辑性基础上，也表示回归初衷之意。首先我们看一下胡塞尔《逻辑研究》第二卷中的"关于整体和部分的理论"部分所提出的观点。在他看来，整体这个概念不是一定必要的，"时常没有它也无妨，至今为止，我们称各个内容的单纯的共同存立（Zusammen-bestehen）为部分，而现在这个概念可以取代整体的概念[62]。"普遍认为，胡塞尔很重视洛克的实体概念，并试图将实体更换至逻辑的世界中。因此，对于"部分和整体的逻辑"，他依据着一个事物内在的各种性质，即内容展开了讲述。但是，前面引用的部分对于已普遍化的部分和整体的关系也同样是适用的。传统观点认为，有整体才可能对部分进行记述，而上述观点则与传统观点形成了激烈的对立。这种古典的逻辑形式，至今仍深深根植，并影响着我们的表现行为、美学，以及社会形态、世界观等。奥古斯丁、托马斯·阿奎纳曾提出神即是没有部分的物体这样的规定，这个规定的残影至今还存在。例如，卡尔纳普称："如今的核物理学家，根本就没有想过要制作一个整体模型。总之如果要使用模型，那么那个模型只会描绘事态的某个局面，而排除其他的局面，这件事情我一直都很清楚。甚至可以说，对于物理学的体系，人们根本没有提出要求其构造的所有部分都实现明晰可见的需求[63]。"如今的物理学今后将会如何发展，这是一个较难回答的问题，但海森堡等人提出的观测的问题，确实在很大程度上影响着我们对物体的看法。有些事项，完全可以看作是对我们日常世界中的现象的说明，比如基本粒子的位置只能随机记述，观测行为本身会对所要观测的对象的状态予以调和等。因此，我感觉对于整体性的考察，目前仍如荒野流放，寻觅追逐。

注释

[1] Jane Rye,*Futurism*,Studio Vista,London,1972, 第 20 页。

[2] 马克斯·恩斯特《绘画的彼岸》，严谷国士译，河出书房新社，1965 年，27 页。

[3] 克劳德·李维·史陀 "具体的科学"《原始思维》，大桥保夫译，水篶书房，1967 年，22—41 页。

[4] 笛卡尔《论宇宙》，神野慧一郎译，世界名著 22，中央公论社，1957 年，100 页。

[5] 同书，同页。

[6] 牛顿《自然哲学的数学原理》，河边六男译，世界名著 26，中央公论社，1961 年，65—66 页。

[7] 同书，67 页。

[8] 齐美尔《社会分化论》，安居正译，青木书店，1970 年，19 页。

[9] 同书，17 页。

[10] 卡西尔《实体概念和功能概念》，山本义隆译，水篶书房，1979 年，89 页。

[11] 同书，113 页。

[12] 贝塔朗菲《一般系统论》，长野·太田译，水篶书房，1973 年，34 页。

[13] 山本光雄编译《初期希腊哲学家片段集》，岩波书店，1958 年，20 页。

[14] 同书，22 页。

[15] 库萨的尼古拉《论有学问的无知》，岩崎·大出译，创文社，1966 年，150 页。

[16] 同书，同页。

[17] 举其中一例，J,Guadet,*Éléments et Théorie de L'architecture*,Librairie de la Construction,Moderne,Paris,1894。

[18] Le Corbusier and Ozanfant,*Purism*, 1920.（Robert L.Herbert,*Modern Artists on Art*, Prentice Hall,New Jersey,1964）中讲述了柯布西耶的关于造型语言的构想。

[19] 黑格尔《美学》，竹内敏雄译，岩波书店，1960 年，353 页。

[20] 同书，同页。

[21] 同书，同页。

[22] 康定斯基《艺术中的精神》，西田秀穗译，美术出版社，83 页。

[23] 柏格森《创造的进化》，真方敬道译，岩波书店，1979 年，52 页。

[24] 同书，66 页。

[25] 托马斯·阿奎纳《神学大全》，山田晶译，世界名著续 5，中央公论社，1980 年，307 页。

[26] 杜尔凯姆《社会分工论》，原田音和译，青木书店，1971 年，172 页。

[27] 普罗提诺《论三个原初的本体》，田中美知太郎译，世界名著 15，中央公论社，参照 1967 年版。

[28] 参考亨利·科尔宾《伊斯兰教哲学史》，黑田·柏木译，岩波书店，1974 年，95—100 页。

〔29〕参考 Gershom Scholem,*Kabbalah*,Keter Publishing House Jerusalem,Jerusalem,1974, 96—98 页。

〔30〕参考 Charles Poncé,*Kabbalah*,Straight Arrow Books,San Francisco,1978.101—103 页。

〔31〕注 27 的文献，参考 473 页。

〔32〕参考刊载于 A.H.Hourani & S.M.Stern,*The Islamic City*,Bruno Cassirer Oxford and University of Pensilvania Press,1969 的论文 Hourani，"The Islamic City in the Light of Recent Research"。

〔33〕参考 Max Jammer,*Concept of Space*,Harvard University Press,1954（Second Edition,1970.65 页）。

〔34〕引用井筒俊彦《伊斯兰教思想史》，岩波书店，1975 年，71 页以及 72 页。参考 Harry Austryn Wolfson,*Repercussion of the Kalam in Jewish Philosophy*,Harvard University Press,1979,162—171 页。

〔35〕引用莱布尼茨《单子论》，何野兴一译，岩波文库，1951 年，63 页，"实体的本性和实体的交通，以及存在于精神物体间的结合相关的新解 1695 年"的〔三〕部分。相关争论略有些错综复杂，特做一注解——众所周知，莱布尼茨认为，空间既不是实体也不是物体，而是物理性物体的"同时存在的秩序"。因此，伊斯兰教义学的空间要素和单子在形式上是类似的，但在内容方面，双方基本上是相异的。就伊斯兰教义学而言，它认为世上一切存在都会变化，实体也会变化。

〔36〕加点部分引自于《单子论》147 页，"建立于理性上之自然与恩惠的原理 1714 年"的〔一〕部分。

〔37〕参考莱布尼茨《单子论》187 页，"1714 年 7 月末发送"的致雷蒙的信札。

〔38〕引用以及参照注 13 的文献，1958 年，64—65 页。

〔39〕注 13 的文献，普洛克洛斯《神学纲要》，田之头安彦译的〔103〕，518 页。

〔40〕注 13 的文献，斑岩 *Isagoge*，水地宗明译，426 页。

〔41〕参考注 15 的文献，10 页。（"绝对最大的物体"是"合一的物体"，也是"所有的物体"）。

〔42〕参考莱布尼茨的《单子论》273 页，〔63〕。

〔43〕同书，72 页，"实体的本性和实体的交通，以及存在于精神物体间的结合相关的新解 1695 年"的〔十〕部分。

〔44〕Sefer Yetsirah（创世之书）第二章中称，希伯来语文字是所有事物的基础。22 个文字分为 3 个母音、7 个辅音（double letter）、12 个子音。3 个母音代表空气、水，或三个元素，春秋、冬、夏三个季节，头、骨、胸三个部位；7 个辅音代表中心、东西、南北、上下七个方位，七颗行星，一周七天，七个现世性对立现象（生与死，支配与从属等），以及人体的七孔；12 个子音代表 12 种人体的感觉。参考注 8 的著书。

〔45〕参考 D.Grad,*Le Temps des Kabbalistes*,Baconnéire,1936,132—137 页。其中描写有 Kerdanek de Pornic1763 年写下的，对应希伯来语文字的炼金术的 22 个步骤。

〔46〕参考世界文学大系《印度集》，筑摩书房，1959 年中的，辻直四郎译《毗首羯摩天（一切的

造物者）之歌之二》34 页，*Brhaspati*（祈祷主之歌）35 页，《神我（原人）之歌》36 页，《宇宙开辟之歌》37 页等。通过这些歌，我们可以窥见人们对掌管天地创造的唯一存在的意识。

[47] 引自《奥义书》，服部正明译，世界名著 1，中央公论社，1969 年，67 页。

[48] 同书，引用 118 页。

[49] 同书，引用 70 页。

[50] 同书，引用 73 页。

[51] 参考《宝行王正论》，瓜生津隆真译，世界古典文学全集《佛典 I》，筑摩书房，1966 年，353 页。

[52] 参考《摩诃止观——禅的思想原理》，关口真大校注，岩波文库，1966 年，上部的 119—120 页。

[53] 引自藤原俊成《古来风体抄》，有吉保校注·译，日本古典文学全集《歌论》小学馆，1975 年，275 页。同时，与引用的俊成的部分同义的"烦恼即般若"以及"空谛·假谛·中谛这三谛"，均参考了注 52 的《摩诃止观》上部 25 页。空谛·假谛·中谛这三谛是贯穿"非而非"逻辑的天台宗教义，指代将实际存在和非实际存在当作一体来认知的形态。

[54] 引自心敬"私语"伊地知铁男校注·译，日本古典文学全集《连歌论集、能乐论集、俳论集》，小学馆，1973 年，97 页，同时也参考了校注者伊地知先生的解说。

[55] 引自南坊宗启"南方录"林屋·横井·楢林编著《日本的茶书 1》，平凡社，1971 年，400 页。

[56] 参考芳贺幸四郎译注"珠光、古市播磨法师宛一纸"中井日本的思想"艺道思想集"筑摩书房，1971 年，273 页。

[57] 参考"山上宗二记"《日本的茶书 1》249 页。

[58] 参考乔尔丹诺·布鲁诺《论无限·宇宙和诸世界》，清水纯一译，现代思潮社，1967 年。

[59] 参考洛克《人类理解论》，大槻春彦译，世界名著 27，中央公论社，1968 年 120 页。

[60] 参考同书 99 页。

[61] 中井正一"美学入门"中井正一全集 3《现代艺术的空间》，美术出版社，1964 年，71 页。

[62] 引自胡塞尔《逻辑研究》，立松·松井译，水篶书房，1974 年，[3] 部分的 65 页。

[63] 卡尔纳普《物理学的哲学基础》，池田·中山·持丸译，岩波书店，1968 年，175 页。

边界论

（1981 年）

这篇小论原刊载于丛书《文化的现在——交换与媒介》（岩波书店，1981 年）中。

这篇"边界论"是我第一次以边界自身为主题所做著述。此前的《住宅集合论 1 ~ 5》（鹿岛出版会，1972—1980 年）可看作是聚落调查的相关报告。在这篇报告中，边界只是一个基本性概念。要论述聚落，领域这个概念是不得不提的，若要对其予以阐明，就必须要用某种形式对边界这个概念做一设想。实际在聚落中，大多数情况下，边界的界定相当模糊。在这种情况下，其存在便是一副多样化的景象。聚落论之所以难，是因为对于边界的解读，它无法统一于一个意义。我深知记述聚落形态之艰辛，基于这样的体验撰写了这篇论述。

关于场的研究，长年来亦经历了对闭合曲线的探讨，方法上已趋于明确，而作为最单纯的建筑模型的"四壁·地板·屋顶"，这其中，对屋顶实际还没有较为充分的探讨。"屋顶"这一概念，诞生于印度聚落调查的探讨中，它覆盖各种空间。即，这种概括式概念上的屋顶无形不可视，而反过来谈及具体建筑中的屋顶的作用。以此来看，这个一时无法着手定性的秩序，其原因也许反而更为容易理解。但即使将各种空间杂乱地予以安置，并给它们盖上相应的屋顶，建筑也总归可以纳入秩序的轨道中的。而如此一来，整体的概念便会如石沉大海，我们该如何窥得其真身，这个课题虽显得有些妄自尊大，但终究是本书所想要达到的目标之一。那么，屋顶原本应当在这篇小论中得到充分的论述，但且容我将它视为将来探讨的一个课题，予以保留。

边界相关的考察就此展开，我撰写了"从功能到形态"和"'非而非'与日本的空间传统"。因为随着对聚落探讨的展开，边界不明确的领域性拓展区域、可多义定性的领域不断出现，边界的模糊化认知，在人们的思维中，逐渐成了该现象的基本存在状态。即，我们甚至可以逐渐确立边界的模糊化其本身就是一种颇为明显的形态的认知。也可以说，一旦将这种认知移至实际的设计中加以验证，它便会更加明确。本篇小论身后的背景，便是这样一个研究过程，它以封闭领域的存在为前提，从边界的明确状态开始讲起。

阐述边界这个概念，需要一定的拓展，原因在于，当我们言及部分和整体的时候，特别是涉及部分的探讨时，如果想给部分一个明确的定义，就必须要赋予它一个明确的边界。从这个意义上来讲，围绕边界展开的论述，也可以看作是部分和整体的逻辑的基础性道具相关的论述。

首先，我认为，存在一个封闭的空间，我们给这个封闭的空间打孔，即意味着赋予它生命，即一座建筑的诞生。封闭的空间是死亡的，它与世界没有任何交集，也不以任何物体为媒介。边界是绝对强大的，而我却在偶然机缘之下得以将此边界打开。我欲以设计建筑，记录生命过往，欲将普天下的建筑尽收眼底，留下生存之迹。所有的建筑，均为打孔的空间，在建筑的内部和外部中，光即普照，风亦袭来，有客来访，孩童进出，母亲的乳汁随爱渗出。人们对边界雕饰，琢以精工。例如，人们构想出了各种各样的门，如打不开的门、不会再打开第二次的门、想出一定的对策就能打开的门、提线木偶打开就会响起音乐的门、将恶魔封印起来的门、断头台的门、雪之门、风之门、无形之门、无之门、登天造极之门、堕入地狱之门、通往世界之门、造梦之门、万门之门等。并赋予边界意义，赋予其生命气息。我推门走进房间，相会于人，遭遇于亡者，邂逅于天使。门可看作一种语言，或是一幅画，一个算式。如此，边界对一切予以甄选，将某些物体拒之门外，允许某些物体进入门中。综上所述，人生的遭遇和事件无尽绵延，而空间便可看作是诱发这永续桥段的媒介。

　　皮肤将我的身体包裹起来，赋予我个体性，如同这般，边界即对空间予以区分。这种个体区分的功能，便是边界所能发挥的首要意义效果。但是，继而类推，边界也可以看作是表情：那抑压于心底的欢喜，可见于墙壁的装饰之上；那玻璃窗上，装饰了表达者的迷茫和悔恨；那小城市的城门之上，看出领主的虚张威势；还有那耸立的塔身之上，附着着人们对天空的向往。有人将动物的眼睛装扮于窗棂之上，亦有人将透明几何学体现于换气筒之上。例如，在保加利亚北部山村，人们将整个外壁，全部饰以木工工艺，但他们对此仍不满意，于是便又用刺绣将整个室内覆盖起来。如此一来，整个家装俨然散发着一种宗教气息，我给这个村子起了个名字，叫"佛坛大道"。又例如，在印度的斋普尔，有一条街叫"风之街"，在那里，一座座房子连绵相接，中间夹隔着道路，不管是多层的高大住宅，还是低矮的住宅，房子的立面均涂为粉红色。这也许是世界上最巨大的粉红色的有机性的两个面，也可看作是对"欲望都市"形态的一种覆盖、扩张和超越。

　　还有一点，我们首先看一个模型，以便阐明边界所承担的交换和媒介的作用。之所以这样做，是因为关于边界的探讨，迟早要倾斜向这个模型所展现的"反转"。这个模型将通过以下这个单纯但又非常巧妙的立体来对反转进行说明。

我们假设有个球面 S，球心为 O，半径为 r，有一条以 O 为端点的射线穿过球面，在这条射线上，我们假设除点 O 以外的任意一点为点 P，那么如 $OP \times OQ = r^2$，再在射线上选一个点 Q，然后将 P 和 Q 的位置进行替换，P 和 Q 之间，即实现了一种以球面 S 为基准的反转。即，在这种置换之下，球面外的点与球面内的点之间实现了一次彻底的调换[1]。而且，离球心越远的点，置换之后就离球心越近；反之，原来离球心越近的点，置换之后越是会被抛离至越远的位置。而球面上的点，在反转的过程中是不会变动的（没有与中心部位的球心对应的点）。即，在这个模型中，当世界反转的时候，球面上的点就是反转这个位置上的交换媒介，它是不动的。夸张一点来讲，完全可以将整个宇宙囊括于一颗网球中（虽然这也确实是个事实），这个时候球面就是边界，也是置换世界的媒介。

然而，当我在想起这个"反转"模型时，自己却产生了一个疑问：是否可以将置换两点这个操作，以及置换的引导原力，交还于边界来承担？当然，只给一个球面是不可能会发生点的位置交换的。如果说在这个模型中，我们过度夸大了边界的作用，那就需要将球面的级别提高到一个有特殊装置的，更高的层次上了。首先，直观上来讲，假设球面将领域分成两个部分，那么内和外的区别，纯粹就是边界作用的结果，对于这一点而言，想必应该不存在什么异议；其次，关于内与外两点的对应，也是有球面的作用在其中的，毫无疑问，距离这个概念也得到了充分利用（且我们能构想出一个球面，也正因为已预先拿到了一段距离）。空间之中，本身就存在着距离这种构造，或者说，这种构造是一种"内在构造"，它规定着与球面无直接关联的点与点的关系。如果说要将这种构造的功能，全部转化为边界的那种"表层性"构造或者说装置的功能进而展开说明，这有些难办。即，我们没有依据认为，交换和媒介是在边界的作用下全面引发的，也没有意图发出这样的主张。其实更关键的目的在于，将边界这个概念展开阐述，尝试将它实践于各种装置化之下，指出表层构造的性质与内在构造的关联。因此，与其说我们在论述建筑，不如说是论述建筑这道风景。

建造建筑，构建城市这种具体的操作，本质上是一种很表层的工作。例如，针对社会制度这种内在构造，如果我们要参与其中，也要视一些操作而定。例如，如何分隔空间或使其保持连续性，在各自的领域内赋予它什么样的状态等。我们构想并配置边界，确立表层构造。上述工作只需通过这样一个过程即可。但是对于边界的排列，还是想尽量避开，因为目前的我尚不具备完美讲解边界排列的能力。

自然科学对各种边界的状态予以启发性的定义，而艺术、建筑则定义着各种边界的存在理由。这里，我是站在后者的立场上的。特别是建筑、城市中出现的边界，人类参与其中，所以它们也是人类生存这个意义的边界。我推测，建筑、城市中的边界的性质，可能也会普遍出现于，生存这个意义上所具备的非物质性边界中。开始从事设计工作的前 10 个年头中，我满足于给边界面打孔。接下来的 10 年，我专注于利用边界打三维空间的孔。而现在，我希望能再打开一个新的次元的孔，开创相应的建筑表现方式，也期待边界所以能带来的空间效果。这种阶梯式的转变，难免有些专断，我急切地期待着，打开现实这扇窗即可通向虚幻世界的另一扇窗；换言之，我在试图将生存的现实虚拟化，它是一种美学上，或者严格来讲生活上的想象力的解放，我对此发出呐喊，并借以暗示自己，而这个阶段，便如一幅示意图，直观地助我完成这种暗示。

我们将最简单的建筑用最简单的方式分解成要素，即可得到屋顶、四壁和地板。这三个要素分别都可以理解为边界，而且这三个边界都具备着各自相异的空间性。接下来我们将以这三个要素为基础，阐述一下边界的交换和媒介的作用，在这个模型中，我将分别称呼它们为"屋顶"（Roof）"四壁"（Enclosure）和"地板"（Floor）。承担屋顶作用的物体、承担四壁作用的物体、承担地板作用的物体，它们将会构建起一种空间特性，而上述三个要素即是展现这种空间特性的标记。例如，不管是大屋顶、小屋顶还是人字形屋顶，都是屋顶（Roof）；此外，不管是围墙、城墙还是国境，都是四壁（Enclosure）；再比如说，不管是广场、空地，甚至有时候地形，都是地板（Floor）。实际，没有屋顶（Roof），四壁（Enclosure）、地板（Floor）也无法成立。但是，在讲述这两者的时候，就必须要抽象性地去理解地板（Floor）这个概念。如此一来，建筑即被分解为三个独立的概念性边界。我们按一定的合理顺序分别赋予三个要素相应的意义，使它们转变成更加抽象的概念，与此同时，尝试去接近探寻行使原本的交换和媒介职能的"空间"。

城市、建筑中的最本源性的边界，或者说空间特性，是四壁（Enclosure）。这个边界的主要作用有三个，即，（1）指定（地板的）领域、范围；（2）控制向指定领域的输入或输出；（3）对意义予以表达或象征，无论是否存在相应意图。

我们在城市中会遇到无数的四壁（Enclosure），监狱和避难所的边界就是典型例子。也就是说，这种边界，所起到的是隔断或隔绝不同领域的作用。如今的社会状况下，管理井然有序，避难所基本已经不存在了。原来的避难所就像曾经的断缘寺，它是一片自由地，人们躲到这里以逃离权力支配，这个地方的边界的特性与监狱非常相似，特别是在强度上，但彼此隐含的意义却是相异的[2]。首先，其中一方的边界，意味着人被剥夺了自由；而另一方的边界则意味着人获得了自由。假设，我们一张白纸上画两个小圆形，并分别把这两个小圆形看作监狱和避难所，那么剩余的空间就是权力支配的地方。且很明显，住在这两个小圆形中的人，都是举旗反抗体制的人，这里就是他们的领域，与此同时，我们还可以知晓一个事实——这张图是从支配的角度观察到的，城市的内部支配的一个基本示意图。

假设住宅就是一座避难所，那么它的基本示意图就会产生形变，变成城市、聚落的示意图，那其中，展现自治形态的多个闭合曲线的边界。在这种情况下，整个住宅，或者住宅的主要部分，将会被赋予一个四壁（Enclosure），以使内部与外界隔断。此外，如果假设大学、神社、神殿等场所是避难所的话，那么它们的基本示意图将会产生更为复杂的形变。将欧文和傅里叶构想出的理想社会以建筑形式表现出来的图画尚存于世，欧文的"新协和村"（1817年）的构图中是没有设立监狱的，为什么？因为这种田园城市本身就是与世隔绝的。同样，欧文曾于1825年试图在美国建设一种新型村落，构想上，那里的住宅群拥有着如城墙一般的边界。而傅里叶则构想出了一种叫作"法郎吉（Phalanstére）"的共同体。到19世纪后期，这个理想方案缩小了规模，最后实际经由吉萨得以构建。吉萨的"法郎吉"整体来看没有构建边界，三座住宅楼呈口字型布局，中庭顶上是一个巨大的玻璃屋顶[3]。这栋建筑物，从建筑表现方式上来讲，与时下某些构想思路有相通之处。在这片住宅区域中，中庭对共同体内部的独立社会的形成，实际起的是一个媒介的作用，从这一点来看，这片住宅区的构建，明显是建立在避难所式思路上的。结合故事观察一下托马斯·莫尔的《乌托邦》的木版插画，它就是一座孤岛。这个乌托邦，已与避难所的概念相去甚远，但其实严格来讲，它就是一种观念上的避难所。观念上的避难所，它在理想城市的计划中，在童话故事的世界中，在新大陆、在黄金王国的传说中，在不可思议的边界中，也都是一种远远隔离的存在（这种情况下，隔离可以看作是边界的变形）。一幅绘画的画框，以及戏剧中的镜框式舞台等，都是和避难所的边界性质相同的边界。

这种对领域的划分指定，以及与相邻各领域的隔绝，即是边界所发挥的作用。边界可以维持内部领域的个体性，但边界自身并不一定可以确立领域的性质本身。反而普遍来讲会有这样一种认知倾向——边界会消极地去维持性质上的差异。但是，像监狱、避难所，给它们设置的边界多呈现一种惰性、沉默的状态。这种例子，包括建筑的边界，都是比较特殊的。一般来讲，边界都是活跃的，它们会在多个方面发挥作用，如控制各种输入输出，某些情况下，还会改变输入输出产生的作用因子的形态；它会积极地为内部领域构建秩序，并赋予其相关意义。边界对于作用因子行使各种控制作用，如反射（拒绝）、吸收、表面上的维持、通过等。因此，边界才会实现于各种装置形态下，有了强度，也有了厚度。装置化的原始的方法是窗户、门等孔，而对它们予以象征的，就是门。

门有时会象征性地展现整个边界，鸟居就是一个很好的例子，有时甚至没有物质性的边界，只有鸟居矗立在那里。若举例说明，那么也许这样的门只有一例，那就是"海格力斯之柱"，据说是腓尼基人建造的。这传说中的柱子，将地中海和外海俄刻阿诺斯隔开，被称作"世界之门"。两根柱子耸立于直布罗陀海峡两岸，象征着地中海世界的繁荣和纯洁、向男神俄刻阿诺斯祈祷安稳和太平、人类的想象力与诸神的通灵等。它们的出现，发挥了众多作用。地中海最深处的耶路撒冷的祭坛开启，两岸的局势得以调和，整个地中海区域也被推向了建筑化。其实很多的门都行使着跟这两尊奇幻神柱同样的作用。巴厘岛上随处可见一种叫作"天堂门"的门（Candi Bentar），它在造型上展现了门这种物体的本质。首先有一个装饰完备的壁柱，然后人们用锐利的刀具将它一切为二，分别立于两边，使之形成对称的门柱形态。那锐利的切面即代表着神的力量，可将恶魔驱散。原本死亡的空间、圣洁的空间是没有入口的，而如今将它们的四壁切断，即诞生出门。因此，这扇门是没有门扇的。其实即便没有这样夸张的大门，当然也是可以阻止鬼神、恶魔入侵的。按我们的习俗，只需柊树的小树枝和沙丁鱼头即可防止恶鬼的入侵；而在伊斯兰教的特定区域，则需要一个掌形护身符，即"法蒂玛之手"，戴上这个，恶魔自然退去。

四壁的作用不仅有排除，它还会将喜欢的东西以喜欢的形式迎入内部。在这种控制作用的影响之下，"阙"随即形成。现在，如果我们将"阙"看作是维持个体内部秩序，阻止外部不适宜信息进入的装置，那么它所发挥的作用即象征于门这种物体上，同样道理，四壁就是物象化的阙的典型的一部分。在现代城市中，阙的存在是相当低调的。法律、军队和警察组织都曾经代行过物质化的阙的职责。当然，在古代社会，阙的形成是建立在法律、惯例为主体的基础之上的。然而，阙的基本职责，即避忌外力给内部秩序带来的破坏，它是依赖于物质化的边界的，是可以看到的，城墙即是一例。因此，四壁自身也仿佛从城市中消失了一般。但是，通过国境我们又可以发现，四壁在不断增加着自身的强度，同时也处在军事力量的灵活性编组的控制之下。同样道理，城市中的玻璃四壁也在高度的暴力技术作用下，配备着一层看不见的百叶门，俨然一片巧妙之阙。我们要防止不适宜的入侵者破坏边界，其防卫的程度界限，称作"阙值"。国境的阙值，城市的支配性领域的边界阙值，都处在增大的倾向中。

我们要讲述边界的象征性，装饰是一个较易理解的范例。今天我们依然看到有着大量装饰的传统聚落。在这种情况下，装饰构建着聚落的观念上四壁。当建筑物的边界面被聚落固有的系统的装饰包裹起来的时候，周边即会产生仿佛处在一种四壁之中的氛围。村民们将各种共享的习俗、仪式、故事、力量分配和编组等，通过装饰，在表层上固定地展现出来。与此相对，近代则剥夺了装饰。当然这其中，有无装饰建筑论的历史的作用，最后，在经历了表面的抽象性构成的过程之后，所达成的结果，便是现代高层建筑的四壁，也就是玻璃幕墙的象征性。我们再看一下当今美国高层建筑的表面，它仿佛是用锐利的刀具切割出来的一个半透明的镜面，与其称它为无装饰，不如说它反而展现着一种装饰性，它将会引发出极度的均质性所带来的非物质感、非存在感。巨大的建筑，总会让人感觉它将在一瞬间消失。这种四壁，它消除了曾经制作出一个个装饰的手工的痕迹，抹消了人体尺寸，擦去了力学的展现，磨掉了材质和厚度，涂掉了所蕴含的意义，只留下了表面这个纯粹概念。换言之，它仿佛是对"逝去的装饰"的一种纪念。

至此，我们了解了一下四壁的基本功能，若给它一个最贴切的定位，那么可以说它是赋予空间容器性，将空间个体化的一个手段。这个空间容器性，在相应建筑技法的作用下，有时会酿造出一些有趣的效果。以下试举两三例。首先，多重四壁，这个我们在日常生活中经常遇到。边界的多重性，会在空间中衍生出"渐变"。渐变展现了各种空间的阶段性变化源流：从平庸到神圣，从隶属到支配，从平凡到稀有，从公共之物到私有之物，等。印度的达罗毗荼系住宅是使用渐变因素的典型范例。这种住宅在形态上呈现如下布局——几间屋子（只看边界就是四壁）呈串状坐落于一条轴上。每间屋子有两个门，最后一个房间有一个门，均列于轴上。这种机械式的房间布局，正好展现出了一幅从男性领域到女性领域，同时也是从平庸到神圣的渐变图景。一般在印度的住宅中，这个导入的部分即是"边缘"（如今的印度称它为檐棚），深处是"内部"。多重四壁形成多重构造的阙。向心性空间多以这种阙为基础。

　　普遍认为四壁是静止不动的，但正常来讲，实际它会进行周期性变化。在城市中心地带，窗户一合一闭之间，即可切换白天黑夜；绿篱、院墙也会随季节更迭而变化。如若庭园中樱花环绕银杏飞舞，那我们还可以去享受这种变化。甚至还有可移动的边界。墨西哥有一种聚落叫作墨西卡利聚落，那是一座村落，其中心的建设以河洲为基础，中心之上是向心型的布局，带广场。在这个聚落中，遇干涸期地面会显现而出，道路就是普通的道路；时至雨期，周边地带没于水中，甚至殃及道路，道路俨然化作一条运河，人们乘坐小船来去往至。一般来讲，可移动的边界一般与水有关，但若思构巧妙，在日本的庭园中也是可以实现的。夏季时分，常绿树处在花草、落叶树的遮挡之下，转即冬时，它便现出身姿，亦可成边界，不过是边界面夏季浅薄，冬日深厚罢了。可移动的边界与"地板"也有关联，这个我们日后再谈，这里先讲一下缩小的四壁。多重四壁一旦构建出向心型布局模式，即会衍生出套盒构造。这就是缩小的四壁的其中一例。而更加戏剧化的美学，则经鸭长明得以实现。他曾两次改建自己的住宅，且每次都将住宅缩减十分之一，最终只求拥有原来宅邸百分之一，继而得到满足。那缩小的四壁，将会更加忠实地映出世界的身姿。这种"缩小的美学"，才是协同反转的美学（后面将会讲到），与巨大组织构建的巨大四壁相对抗，主张个人存在理由的艺术活动应该依据的美学。

　　当惰性的"四壁"的配置过于复杂时，即会产生迷宫。迷宫是一个迷失视野的场所，对于已在那里久居如常的居民来说，小小的标识就可以成为一个记号体系，成为行动的指针，而在路过的人眼中，任何地点都是等质的，他们便会失去方向感。因此，迷宫这个概念，对于"久住之人"和对于"路过之人"而言，是完全不同的装置，所赋予他们的感觉，也是不同的。从这个意义上来讲，迷宫可以称作是没有门的阙。最巧妙的迷宫，出现在北非城市麦地那。在沙漠城市中，来自外界的输入是不可或缺的，因为要自我维持。因此，即使搭建起了城墙，城市依然欢迎外来者。另一方面，城市又必须要时刻防范来自游牧民族的不断侵扰。我们可以认为，人们出于这个考虑，才构想出了麦地那的城市形态。外来者允许自由进入至广场，因此，广场采用的并不是一个仪式的形态，它是一个快乐的交易场所。可以说，作为媒介的空间真正发挥了效用。但是，如果外来者实施了侵略或做出了其他不当的行为，那么居民们只要逃往通向广场的路就可以了，前方就是迷宫，就是反攻的堡垒。到处都是死胡同，有近路可抄。墙面上只有小窗户，侵略者在迷失方向之下，甚至完全无法预测攻击会从哪里打过来。实际，就算是政府，也是连确切的居民数量都无法掌握的，且并不稀奇。

我们将物象化的四壁看作阙的一部分，对其进行了相关思索，对于人类的行动而言，其实还存在着一种有着绝对强度的看不到的四壁。它们就是在习俗、制度制约下的边界，也是社会规章的空间性展示。一般来看，从阙的观点来讲，某个领域的特性，以及它与其他领域的差异性，会受到在领域内被禁止的行为、被许可的行为等的作用影响，从而趋于明晰。禁止、许可之间，有各种各样的规定方法，实际，规定是极其依赖习俗的，所以要想论述领域和行为的对应是非常困难的。此外，在今天，只要还以均质空间为方针，领域内任意规定的行为项目也就会很多。但是，因为所有的行为，所有的事件都是在空间内生成的（这里我们暂且不论记述的有效性和确切性），所以行为和领域是可以实现对应的，甚至对于一些超场所性的行为，考虑到它们的一些相关规定，亦是如此。

关于四壁，直接展现出来的行为规定，就是禁止入内。监狱和避难所的边界，就是禁止入内的代表性实例。看不见的边界将作为神圣领域、禁忌领域的四壁行使功能。这些边界通过神话、传说、习俗，高居于共同体成员的意识之上。翻开民俗学书卷，也许我们会发现，这样的事例，并不鲜见。举一个建筑上有趣的事例——"结界"不一定需要物质性的展现。日本的聚落中有一种手法——人们将宗教中心分散地布局在居住领域的边缘，再通过连接这些中心的线对居住领域加以限定。这是对应向心型模式的最具代表性的聚落模式之一。阿特拉斯山脉地带的柏柏尔人的聚落群也是一样，在受惠于内陆河的可耕作范围内的边缘地带，即是它们的布局所在。这个事例的性质如下：以地理上不可见的边缘（edge）为边界，将水域看作神圣的场所。从这样的事例我们可以发现，通过设置神圣领域或禁忌领域，客观上可以推进环境保护。在东京近郊，我们曾与专家们一起进行了植被学调查，调查中发现，残存的自然植被群（东京周边，如小叶青冈植被群、椆木植被群、紫金牛－大叶栲植被群等）大多位于某些农家的后山地带，而这些农家周边多坐落有神社、寺院、墓地、祠堂、小范围圣域。这些自然植被生长的基本条件就是——禁止入内。此外，自然植被的群落，其内部是一片黑暗、深邃的独特空间。在聚落中，当生活和自然的生产力处于一个平衡状态的时候，为了保全这种平衡状态，人们将会采取行动。首先人们会构想出一些充满想象力的故事，以服务于环境保护的相关条约，然后再以故事为参考，去搭建生存环境的空间构造布局（configuration）。这其中，我们便可以看到一个过程：初期的虚构性（ficitionality）发挥它的作用，随即，它转化为纳入秩序轨道的现实性（reality）。我们必须要有一个明确的理解认知——这种"共同幻想"的确立过程，不是别的，就是环境形成的战略，也许也是确立世界的唯一方法。前面讲述到了各种各样的四壁的位置、控制能力、象征作用。这些因素的确立，都是虚构的；我们还涉及了边界是自然力的情况，这时候边界应该如何灵活利用，其方法的确立，也都是虚构的。即，至少在赋予空间四壁这项操作中，空间本身，是光、水、风等多元要素交织的复合现象，哪怕假使空间的状态已定，只要它仍是一个可以多方认知的现象，其内在意义就不可能收纳为一，它也不可能被确立为一种必然性的存在，我们依然可以在它身上同时看到多种可能性。因此，在一个决断者做某个决定的瞬间，动摇他内心的，只能是跟随某个模糊故事的一个场面，而对这个场面，人们还一直期待着它的出现。

如上，边界的基本功能，经四壁的诸事例即可得以说明，当边界作为一个面出现的时候，它有内和外两个面，这种两面性即与建筑的内核外相对应。众四壁搭建起的外部空间，其实也可以列入地板的范畴，但还有一种情况——如在广场或道路中，各种各样的四壁外部面集在一起，又重新形成了一个四壁。我们且把这个时候的边界的状态、空间性称作"界面（interface）"。所谓"联排（房屋排列的状况景象）"，指代的即是界面（interface）的外观。在关于四壁的诸项事宜中，人们投入兴趣最多的，就是这个界面。

所谓"地板"，即是我们所站立的边界面，也是这个边界所携带的空间性。广义来讲，大地的地面即是地板，此外还有建筑的地面，可看作是大地地面的延长。但是在这里，我们且赋予地板这个概念一种特殊的意义。我们可以说，原本，地板的空间性特别就存在于"这个面上会有事件生成"这一点上。即是说，地板是形成生活的"场"（field）的根基。首先，我们将关注点聚焦于它这种特殊的功能上。

一般来讲，空间有两个特性。第一个是容器性，另外一个是作为场的特性。之前讲述到的四壁，是展现容器性的概念，与此相对，这里我们将尝试通过地板这个概念，使之与空间作为场的特性加以对应。借助领域进行说明的话，即，四壁是明确地规定着领域的范围的，尽管它有时会是一层看不到的边界；而涉及地板，或者说在地板行使职能的景况中，它所确立的领域是不明确的，它所规定划分的范围是极其模糊的。这里我们要探讨的就是这种模糊的领域。

现在我们假设在地板上随便放置一个事物 A。那么，A 的周边，即会在 A 的性质和地板状态的作用下，产生某种氛围。我们聚焦于这种氛围，并称它为"A 的附近"或"A 的周边"，确立一个模糊的领域。我们在城市中生活的时候，即会对空间有这样的理解和认知，这也可以算是一种生活经验。凯文·林奇称城市中最主要的 A，或者说最主要的标识为"标志物（Land Mark）"。我们以多个标志物为基准，推测位置，确定人在城市中的所在之处。

非洲热带稀树草原上的住宅叫作"复合住宅（Compound）"，复合程度极高。这种住宅的空间，巧妙地将容器性和作为场的特性予以结合。复合院落内的几座小楼，它们的领域在四壁的分割下得以了明确划分，这些领域随性地分散布局于庭园中，庭园中还放置有炉灶和石臼。于是，炉灶周边，石臼周边便形成了一片模糊的领域。领域中，又会生成某种繁荣的景象。炉灶和石臼是形成场的要素、原因、某种中心，它推进着人们生活的活跃。即，一定的空间规模内，是不缺少承担这种标识性职能、中心职能的事物的，即使没有"城市的标志物"这种概念的确立。

事物（即使不是物体）、事件作为"场的形成原因"发挥职能，这自不必说。此外，四壁自身亦作为场的形成要素行使功能，这也是理所当然的。我们可以在某个空间的拓展中，如此这般展现出多种场的形成因素；然而，要想展现这些形成因素的支配范围所能延伸的程度，就没有那么容易了。因为，要想将场的形成因素的影响力，基于各自所处的地点，予以量化，并不是做不到，只不过无法用一种可行的形式进行记述。我们依照原本的场的定义，假设对于每一个地点，都有一个确定的函数值，然后我们在这个函数构建的曲面上，随意定义一个特异点，并对其进行分析，如果其中有边界，那么将它抽离出来，通过这个分析，我们即可确立一个相应的影响范围。这个曲面，也可以称作倾向面，如同地形图一样，一般可以通过等高线图展现出来。举个浅显的例子：天气图就属于这种情况。我在我的研究室中，一直把这种曲面当作几何学研究对象来看待，并称之为活动等高线图（Activity Contour Map=AC 图）。对于纯粹化的物理现象，其实完全是可以给它整理出一个清晰的场的，但涉及人类的作为，可能就行不通了。我们试图在对聚落的分析中，假设一种单纯的潜在可能性，并做好对其予以量化的准备工作，然后抽象出一个领域。但是这种假设，相比现实中的现象的丰富内涵，显得有些薄弱，现实的现象引发的场的时间性变动，是极具动态性的。因此，基于某种条件下，知晓逻辑上我们能解析到何种程度，是有其意义所在的，但是，实际我们是无法对场的状态深入细节进行分析的，也并没有多大的意义。对这种不确定的现象的所在，不如先进行一个概念上的理解，然后依照经验去认识它，比如对于事物的配置和人类生活的关系，我们可以在整体上做一认知，才更加合理。

当形成于地板的领域的状态以及边界不清晰的时候，状态的记述一般通过中心这个概念来推进。相对应的，周边这个概念也就建立起来了。这是一个极其单纯的场的构图——针对一个地板，描绘出一个山形曲面。对应这座山的顶点的地点就是中心，也就是场的形成因素的地点。这个空间带有一致性的渐变特性，称作向心型空间。若中心相连，即会生成山脊，线状的中心部位亦会随之形成，这种情况下山脊就具备着边界的功能。一般来讲，人们习惯于将事件的波及力、影响力比作地形，并予以图示化，这种做法易于理解同时又合情合理。有一个中心的空间，相对应地，就有多中心空间或者说多极空间存在。在空间布局展现上，它们之中有一些是呈现为有山的场的空间形态的。这种空间布局，并不仅是有几座山，还会体现出山谷的存在。就如我们在地形中看到的那般，山谷是发挥重要作用的特异点，它拥有着自己独特的空间性。这个山谷，在描绘了场的状态（而非周边状况）的曲面上，就是两个支配圈发生冲突的特异点，也是边界。此外，我们还可以将山谷看作是"负中心"。因为曲面一经"反转"，山谷线就会变成山脊线。一般来讲，当我们认知一个作为场的空间时，山脊（Ridge）就会作为一个构造性的概念而被抽离出来，若用地形上的概念来做一比喻，它们分别就是山脊线和山谷线，其中一个可看作正的山脊，其中一个可看作负的山脊。顶点、低洼点是正的山脊，也是负的山脊的特殊情况。山脊可以看作是一个将中心扩张了的几何学概念。于是我们就这样依靠着构造性概念，准备好各种地形风景的模式，并将它们合理对应到相应事件的状态中，对应到与多个事件相关的状态中，对整个场的状况，也就是地板予以理解。因此，面对这个活跃变动的世界构图，我们若想对它有一个更加丰厚的认知，就必须要拥有更加丰富的构造概念，以及更加多样化的地形风景。巴什拉之所以称之为"场所分析"（《空间的诗学》），也许就是出于这种场的把握方法。我站在一种研究几何学的立场上，对巴什拉的主张非常有兴趣。例如，我们假设存在"地方的时代"这样一种状况，设想一个中心已经分级的多中心空间，一片有几座山的风景。但是为什么这种状况依然让人觉得还不够稳定，因为在这个地形风景中，我们无法构想出山谷的状态。就我们惯常的空间把握习惯而言，无法将山谷明确概念化。这是一个弱点。

负的山脊，即山谷，它在原本影响范围的边界比较模糊的两个事件中，是在相应的影响力发生冲突之下生成的边界。在成为两个中心的事件性质相同的情况下，山谷的状态是稳定的。从山谷观察到的两个中心的风景是和谐的，中心之间会产生某种感应。在需要布局排列的所有表现方式上，建筑对于这种感应现象，自然是最大限度地进行了灵活运用。这也是对称美学的基础。山谷的生成，在某些现象下是可以看得到的，在某些现象下是看不到的，在排列几何学中，即是它是弯曲的，也依然会被认知为一条轴（Axis）。山谷往往作为世界之轴发挥功能，我们时常在日本山谷的聚落中，看到令人怀念的故乡风景，这并不只是因为它所带来的传统韵味，还因为它是一幅基于几何学稳定性的世界轴风景。

地形论风景作为现象的场而存在，它与我们所处的大地地形之间又有着观念和现实的区别。几何学会在理论上阐明一定的意义，而我们实际在相应的地形中生存，经验和想象力也会产生一定的意义，这两种意义之间是有区别的，但道理是一样的。两者又会进行融合，共同确立了解世界的意义。所谓地形，实际是在生活中极其重要的，自然所酝酿出来的一种潜在表现方式，也是拥有场所力量的"地板"的表现方式。人们自古以来就惯于将空间的据点安放在地形的特异点上。首先，人们着眼于地形上的特异点，充分利用其较高的潜在力，进而建造出神殿、教堂、城堡、堡垒等。这些建筑不仅在最大限度上利用了地形优势，它们坐落于此所开创的风景也反过来更加凸显了这个地点的特异性。例如，在哥伦比亚，当地的聚落并不为人所知。其中就有一对聚落，分别叫作瓦尔迪维亚和波多黎各·瓦尔迪维亚。在瓦尔迪维亚聚落中，山脊线就是一条路，住宅分两列坐落；波多黎各·瓦尔迪维亚聚落中，住宅也是分居两列坐落，中间隔着一条溪流。这对聚落对自然地形进行了明确定义：山脊就是山脊，山谷就是山谷。给人的感觉，好像这其中的潜在力、意志、欲求就仿佛潜藏于自然之中一般，而人们则对其予以体察，予以实现。

从山脉或者说山脊之中，我们可以抽象出共通的象征意义。与此相对，山谷作为"负的中心"，它的意义所指，可以说并没有得到充分的共享。山谷代表活力的终止，让人联想到冥府的位置。埃及的"死亡之谷"所营造的氛围即是其典型代表。既然山谷中布满黑暗，那么它为什么能让人产生怀念之情呢？因为它同时又是一个可以凝视死亡的地方。但是，就日本的地形而言，山谷对于我们来说，却是空间的原型。这里潜藏着被压抑的活力。人们向往着山顶，继而产生向上的憧憬，而山谷却给人一种向下的空间感觉。但它并不代表漫无目的地向周边向原野滑落，它是一种回归本源的感觉。回望历史我们发现，人们建造了无数向上的建筑。而朝往"负的中心"的下向建筑却要依托反转的美学才能得以生存。山谷即为幽冥鬼地，即为相对于天堂的地狱。但其实，山阴之谷中，应该存在着更加积极的意义。

作家大江健三郎曾试图挖掘并确立山谷的意义。在他创作的故事中，很多人物最后都回归到了日本四国深山的山谷中，这个山谷，也正是这些故事创作的源泉之地。曾经在山谷中发生的事件、村民暴动等再次上演。山谷是根基，也是全世界。山谷是世界的缩影。有一个场所，它曾经酝酿出了一系列往事，它产生了一种力量，而潜意识中的愿望，不安的预兆，也将在相同场所的力量作用下，不可避免地历经时间的交错，转化为现实。山谷就是新柏拉图主义所提出的"一之物"。大江健三郎描绘出了"多"回归（Epistrophe）的地方，不禁让我们联想到流出的动态性构造。这种处于活跃状态的山谷带有着以下特性：作为一个负中心的同时，又有身为边界的地形论特性；它是一个这样的场所：把周边的事件叠加起来予以吸收，然后再将事件生成放出至其他场所；如果给予这个现象一个具体的形象认知，那么它就像雨水的轨迹，即无数流线的集合，如果再将它用电脑描绘出来，我们会看到有机的曲线群聚集在一起，且有黑色的裂痕凸显出来，第三个特性，就是山谷站在这种立场上所显露出来的特性。这种特异的场所，除山谷外别无二者，它就是大江健三郎所构造出的文学世界的一个基底。一个故事如何展开推进，其力量源泉就在我们从流线中所观察到的时空流动。这种时空流动才是诱发文学构筑性的源泉。山谷非常期待场面的出现。山谷是对母性的空间性重新定义。曾经，相对男神俄刻阿诺斯，人们将女神忒提斯看作是孕育出注入地中海的河川的母亲，并以此为基础构建出世界模型，而山谷就是推进这种世界模型，并创生出他人，将他们送往这个世界的媒介，与此同时，它还作为他人回归的地方、重现事件的地方、知晓世界微观缩影性的地方，而被赋予了相关意义。

山谷既是负的中心也是边界，对于富于微观地形的日本地理而言，它的身影随处可见。它是一个神圣的空间，它的出现和存在时常伴随着纯洁的征兆，它的姿态可以缩至庭园中。从形态上来讲，山谷与山脊，两种势力，两种倾斜，相会对立之间，方显山谷之神圣姿态。也许，"之间"这个概念，就与山谷有所关联。

我们暂且脱离实际地形上的山谷，回到抽象的地板概念中来，这其中发生的两个事件的夹缝状态又如何呢？答案要视曲面的形状而定，可能会出现多种情况。假如，地形上的山谷的状态出现在了事件的夹缝中，那么山谷就是仲裁人、调停人、判断者等立场，即媒介的立场。即，它处在两个事件的漩涡中，它是试图使两者同时存在的消极中心，是站在两者冲突的边界上的媒介。如果说两个事件是互相渗透的关系，那么山谷就是彼此之间相互渗透部分，相互重叠部分的中心。

广场，即是引发这样的事件，生成场的典型建筑空间。最具代表性的是基督教城镇、聚落中的广场。当前情况下，从性质上来讲，我将广场分为西欧的广场和东欧的广场。一般我们说到西欧的广场，印象中都是服务于教堂的仪式性场所。但其实是存在着各种各样的形态和情况。如在西班牙，正统广场之外又附加有一个庭园风广场；城堡的广场和城镇的广场相连；广场依城镇的高大矮小各自建立；较大城镇中，小广场各处坐落，并与中心广场相连等。原则上来讲，广场在建筑意义上是相当完备的，到锡耶纳、阿西西等地走一遭会发现，美丽的广场并不少见。人们在广场上建立市场，举办集会活动。东欧北部的广场极具发展性，但依然保持着商业广场的性质，其特色有：中央位置有市场、政府机关等办公楼的广场采用环游形态；人字形山墙的一座座住宅将广场围绕起来；教堂不占主要位置等。波兰的波兹南、弗罗茨瓦夫等城市的中央广场，以及捷克斯洛伐克的小城市中的广场中的住宅景致格外美丽。原则上德国骑士团建设的老广场，原本呈正方形，之后在小城市中，也可以结合地形转化为形态较为自由的广场。这些都是交换和媒介生成的最基本的场所，其中并不存在特别值得一提的机构或设置。从计划的理念上来讲，这些广场的内部可假想出一个相对较稳定的山形曲面，甚至可以说城市全境的山形曲面被指定了使一座山脉地形趋于平衡的中心。

关于伊斯兰城市中的广场，基本就是商业性广场。这片广场之上，到处都在发生着各种各样的事情。广场一般呈杂乱无章的状态，并没有被支配管理起来。伊斯兰城市中还有一种广场不得不提：清真寺或圣殿内部的神圣广场。这里是做礼拜的场所，周边有厚重的回廊式"四壁"，这片广场是为神和人牵线搭桥之地。玛雅文化的宗教中心广场，如今基本只剩残垣断壁，且从时代上来讲，与之前讲到的起源于中世纪的广场也没有可比性，要做对比，对象必须是希腊的阿哥拉、古罗马广场。阿哥拉、古罗马广场都是带有公共设施的复合体；相对地，玛雅和阿兹特克的广场行使的是堡垒的功能，尽管如此其宗教色彩非常浓厚。

印度聚落的广场，则并不是以上四壁中的自由领域或浮游领域，而更接近于空地。当地的住宅凹凸起伏较多，广场与之相接，因此边缘十分狭长，形状参差不齐，基本没有统一性。在这片形状不定的广场中，各种姓之间都树立着一道看不见的边界，整体来看，形成一片各类生活圈混杂的局面。这种混合型的广场，在这种不稳定的形状基础条件下才能真正得以实现。比如对于一个正方形布局的广场而言，若给它套用混合形态，可以考虑让它处理突发事件，但绝对无法让它为日常生活提供平台。因为不稳定的形状会衍生出各领域的松懈无隔断状态，秩序根本无法得以保障。有相应的隔断，即可能生成两个事件之间的山谷，也就是边界。伊朗北部山间地带有一种阶梯状的聚落，在这种聚落中，存在着一种公共空间的立体性流动，它由道路、阳台、小片空地组成，基本已经脱离广场概念的范畴。而支配这种流动的，就是场的可能形成因素——灶（独立门户）。这种形式在土耳其的山间地带也可以看到。

广场兼具道路功能，且形状的一致性逐渐消逝，当这个进程过度推进时，住宅与住宅之间就会有空地"乘虚而入"，不经意间便会形成住宅散落分布的离散型聚落形式。在中美印第安地区的离散型聚落中，休耕地代行着广场的功能，着实呈现着一种极有特征的空间形态：住宅与住宅之间，相隔着数十米的距离，彼此可以听到对方声音。如果在这片空地上以住宅为中心划出一片影响区域，排除掉边缘地带的住宅，那么住宅即处在一个被假想的边界，即被势能图上的山谷所包围的状态。这道看不见的边界，开创出一片住宅群组成聚落，我在其中，看到了"特立独行"之人的形象。住宅内部的房间彼此隔断，各个房间为一个独立单位的建筑物，空地穿插其中。我们可以在非洲的热带稀树草原看到这样的风景。隔断发展到这种程度，那么假想中的场的曲面、地形论风景，即是在日本随处可见的富于微观地形的风景，这种情况下，部分会先行于整体，地形的风景将会覆盖于日常生活的情景之上。

印第安人居住的场所多为贫瘠的曲面地形，与有肥沃丰韵曲面的地形形成鲜明对比，离散型聚落在这种地形上，构建起整齐划一的假想地形。热带稀树草原的地形亦是无限平坦。建立于这片平坦的土地上的聚落，给这一马平川的地形带来了山谷等地形。从这两种地形和场的状态叠加中，我们可以看出，聚落的形态结构，即聚落的地板对不活跃的自然地形起着一个补充作用。我们回忆一下日常生活中各种事件的场景，将它们综合，在此基础上构想一种地形论风景，最后我们依据这种风景构想出一种第二地形。如果说：原本的地形被称为"第一地形"，那么与之匹配的建筑就是第二地形。这种转化的实现，需要一种经验性程序和准备，即通过地形构造这个概念将模糊的边界予以可视化。

如上所述，地板所具备的空间性，其边界可使模糊的现象同时发生，并使我们可以对相应区域进行构造上的把握。地板引发的"场"的地形论影响下的构造把握，是一种表层构造（surface structure），与地形论上的深层构造（deep structure）形成对比。但是，这个表层构造亦可以吸收通过地层现象联想到的一些概念，如偏离，滑落等。这里，本还有一些地形概念，如鞍点、停留点等，以及表示倾斜状态的地形要素论，出于防止复杂化的初衷，这些概念理论并未涉及，此处予以总括，表层理论即告成立，特此附记。

接下来我们看一下"屋顶"。对于这个概念，我们同样采取在阐述地板时所用的方法——赋予它一些特殊的内容，以做论述。

最能确切展现"屋顶"这个概念的，是仅由几根柱子支撑着屋顶的建筑物——

亭子。其功能与树木的建筑效果极为相似。亭子划分确立了屋顶下的那片领域，这片领域在没有四壁的情况下，与整片地板相连。因此，只要对事件、人们的动向予以关注，那么对屋顶的讲述，其实就包含于对地板的讲述中。屋顶的基本功能是避雨遮阳，除此之外还有一个象征空间的功能。甚至可以说，屋顶可以代替四壁的功能。同住一个屋檐下的团体、房间的集合之间存在着某种凝聚力，而屋顶，就是这种凝聚力的象征。屋顶的空间性即具备着这两种象征性功能，我们称这种空间性为屋顶。屋顶意味着一种抽象边界，这种抽象边界指出了蕴含意义的部分，以及在空间上得以定性的部分集合，这一点我们之后会有所论述。此外，从它的作用上来讲，屋顶又是一种概念性装置，它可以帮助我们把握认知其作为空间容器的特性，以及作为场的特性。

相比西欧、伊斯兰教的建筑，日本的传统建筑基本没有像样的墙壁，而屋顶的形式却颇为出彩，将它的特性展现得淋漓尽致。抛开仓库类的建筑，我们可以举出一个典型代表——宫殿建筑。日本的建筑，撤掉隔扇和拉门，就是一个大亭子。当人们赋予了它相应的道具、准备之后，它才转化为一座真正的建筑从而发挥相应功能。日本建筑的这种自由度给生活带来了戏剧性。如果我们反过来将日本建筑看作一种非确定性因素，又可以从其中读出一种看待事物的思想源泉，从日本的美学到思想，它是一种跨度极大的开拓思维。普遍认为日本的传统建筑形式与南亚建筑形式有着很强的一致性，它同时也给我们的思考带来了很大的影响。换言之，两种空间概念之下，描绘出了两种不同建筑同时存在的局面，这两种空间概念，一种是有四壁的墙壁空间的西欧、伊斯兰教的空间概念；一种是没有四壁的柱子空间的南亚、日本的空间概念。这种空间概念是和思想融合在一起的。当然，在相异的文化之间，会有一个与差异一致的网络组建起来，我们仅仅强调差异还远远不够，若我们站在理解这个文化构造的基础上，将差异明确化，就会发现西欧尝试对个体予以定义，与此相对，东亚部分地区和日本文化则主张个体无法定义，它其实就是两者之间的一种性质上的差异，也正好与是否设置一道厚重的四壁这个问题上的分歧相对应。那么日本的建筑就完全不对空间做出定义吗？其实也不是，日本人将空间认知为一个场，并赋予它相关秩序。所谓秩序，就是我们之前提到的"座"，在一个屋顶覆盖下的空间中，它决定着人们的位置，在此基础上，明确的配置排列也得以确立。

屋顶的功能，就是赋予包括广阔的土地、周边在内的地板相应的"座"。伽蓝寺院式布局并不缺少四壁，但从原则上来看，也同样会给人一种通过屋顶确定"座"的感觉。一般来讲，屋顶承担着遮风挡雨的作用，同时它也象征着相应建筑的高贵神圣。这种手法全世界各地都有，如宗教建筑，对于其内部某个非常重要的部分，人们会再为它盖上一层屋顶，赋予它更特殊的意义。这第二层屋顶，即是打造建筑中有建筑，房中有房套盒构造的手法。如此，屋顶会在有均质化倾向的空间中，指定出"有意义的部分"。一座建筑中，有神圣的部分，有在制度上居高位的部分，如果屋顶也位列其中，那么它就将展现出与其他部分相隔离的部分，换言之，屋顶是一种类别划分。

屋顶的形状，有时会象征这种类别。比如在分栋形式的住宅中，往往会出现如下区别：正房采用庑殿式屋顶；谷仓采用人字形屋顶。四壁形状不同，也会使建筑产生出相类似的区别，但屋顶带来的区别，会使差异明确显现于表象。即，人们将屋顶的形状看作是显示划分等级的记号，并予以利用。这个记号的职能，不仅会在住宅之中有所体现。当一个聚落中有两个级别完全不同的团体同时存在时，它会将双方的差异，通过屋顶的形状和材质，直接体现在肉眼可见的外观上。比如在印度，如果一座聚落是由种姓级别明显相异的两个团体构成，那么人们就会采用这种手法，因此，一眼望去，明显的种姓级别差异一目了然。又例如在非洲的阿散蒂族聚落的情况——曾经有一个热带稀树草原部族南下，人们聚集成村，名为"松戈"，当地人们曾一度征服了该村落的一部分，在当时，因为住宅的形式本身就各自相异，各住宅的屋顶也有着明显的差异。

如果我们要一直这样列举实际的屋顶来进行阐述的话，那可能就不需要屋顶这个概念了。我们必须对屋顶做如下理解，它才能真正实现价值。有些聚落中，有时会出现几户住宅组成小建筑群的形式。例如，当人们在生活的基础上，隔着一个小小的庭园建立紧密的团体时，我们即可给这几户住宅配置相应的假象屋顶。这个由几户住宅组成的团体，与从聚落中可任意抽出的一些部分完全不同，它们是有意义的。我们把这个有意义的部分称作屋顶，并将它与其他偶然抽出的部分区别开来，这样做是为了将它概念化。这个时候，屋顶还是一个假象的边界，与实际不存在的四壁，或者说看不见的四壁有着相同的意义。在城市或聚落中，当我们赋予某个领域一体性时，同时也需要一种构造，以保存这个领域的自由度，灵活度，使该领域可在某些时候分解，与其他领域组合形成其他新的领域。这种时候，四壁这种较为厚重的边界就显得有些不合时宜了。这个领域需要封闭，同时也需要开放。日本的隔扇和拉门就是这种灵活边界的其中一例，但要为几户住宅组成的群体配备物质性可动装置，就有些困难了。因此，一般来讲，我们只要致力于住宅的布局排列、道路的模式、小广场的导入等要素的组合与排列，即可对领域进行分解和结合。因为这种结构可以用亭子来予以象征，所以我们称之为屋顶。我们可以认为，屋顶的重复越多，城市、聚落的领域形成的自由度越高，反之，屋顶的数量越少，其自由度越低。然后，我们便可以通过对这种假想屋顶搭建方式的观察剖析，进而对城市、聚落的结构、构造做出分析。

现在，我们假设聚落 X 是以住宅 x 为要素的集合。然后，屋顶就可以看作是对聚落的结构极为重要的。住宅的部分集合 O。再假设这个部分集合的集合为 O，那么一旦我们做出适当的判断，对于空间 X 而言，O 就是稳定的。在这种情况下，空间 X 的构造是由 O 决定的。即，对于 X 而言，哪个部分是已经准备妥当的，如果从这样的观点出发可以进行分析，那么只要对空间（X, O）进行考察即可。因此，最具可能性的一种状态，就是聚落带有拓扑构造的情况，也就是从聚落中抽象解读出的屋顶满足拓扑条件的情况。我们以住宅与住宅之间的较强联系性为基础，即可对聚落中的部分和整体的关联做出分析。相对于自四壁和地板中生成的各个部分，我们不妨放眼观察一下它们的离合集散影响下的新的部分的生成，那其中，会有各种各样的"部分和整体的逻辑"步入发展轨道，而屋顶是为这种发展搭建基础的概念。

如此，我们找到了对聚落进行构造分析的线索。我们曾将住宅的布局规则看作屋顶概念的根据，然而现在的问题并不是这个布局规则，而是屋顶和风景的关系。屋顶的形态景致在很大程度上影响着聚落和城市的风景，特别是整体的景观。我们进入一个聚落内部，即可体验到它的美丽，而它的内部结构之美，则总是倾向于投影在远眺之时映入眼帘的聚落外观之上。从我们奔走寻访世界聚落的经验来看，聚落的内在一致性，很多都会暴露于景观之中。原因在于，我们所看到的聚落建立的基础是古典美学，它们的存在是建立在内外一致、构造外表一致这样一种逻辑上的。但是我们也不能对此过度相信，否则容易步入误区。比如，印度聚落的一致性，就无法从风景中窥探解读得出，我们必须深入其内部结构之中。再如，就日本的聚落而言，相对整体的一致性，部分或细节的秩序处于更优先的位置上，在这样的事例中，我们无法做到不提及局部的聚落景观，就去论述景观本身。

但是，有的时候对某个事物，我们并不会去深挖其细节知识和分量，分析其内在成分、结构的基础上才做出判断；我们是在看到它的表象之后瞬间直观地做出判断。事物的表层，也有其相应的重要性。从这个意义上来讲，表层的风景也不可忽视，某种程度上，我们要学会同时把握表层观察和内在构造，培养这样的眼光，将这种方法论纳入逻辑化轨道，并在此基础上开创一种全新的风景论。包括我们之后会讲到的表层自立性的问题，亦是如此。

即使聚落的风景真的可以将其内在秩序展露无遗，那也是因为我们在风景中会感知到那看不见的屋顶。例如，一所住宅顺应小山地形沿等高线坐落，那么如果我们在最高处观察到了清真寺矗立的风貌，则可能会判断认为这座住宅是向心型构造。原因不外乎是我们在这种风景中，感知到了以清真寺为中心的多重斗笠型屋顶。若再补充说明，这种同心圆状的构图，它展现了两种空间形态，一种是有特殊拓扑构造的空间；另外一种，是有意义的部分集合的集合，将一个顺序集合，组合起来的空间。再比如，在明显两极分化的住宅群风景中（如高大城镇和低矮城镇），且不论两极分化的风景内部各有各的复杂的关系，在这种两极分化的事实之下，我们只能看到一种极为粗糙的构造。这种时候，空间就会暴露出一种较为薄弱的拓扑。西班牙有一种聚落叫作奎瓦斯（横洞住宅），在这种聚落中，各户的屋顶，就是平缓起伏的山丘本身，颇为不可思议的一种地下社区，地形上的低洼地带就是周边各住宅间共享的小广场，也是屋顶的形成因素。因为广场的共享程度极高，所以这片住宅群，有时就像是在一间统一大住宅的状态下运作着。于是我们可以认为，这个聚落拥有着以住宅群为单位的离散拓扑。再比如危地马拉印第安离散型聚落——没有阶级性、各住宅自立性很强，它的风景如下：各住宅彼此相隔一段适当的距离但同时保持紧密，所有的住宅组合都会让人联想到屋顶。对于这种理想化的风景，如果我们尝试给予它一个拓扑构造上的定位，那么也许它就是一种可以被称作离散拓扑的，拥有最丰富部分集合的空间风景，也是带有自立性和连带性的乌托邦式风景。相对这种印第安式风景，现代的超高层建筑的风景则规模庞大，远超过整个印第安聚落。至少在风景上，我们只关注建筑物整体这一个屋顶，虽然风景才能展现空间的本质；我们称拥有这种拓扑的空间叫作密着空间，即没有部分的空间，也正是法西斯主义的风景。换一种说法，还可以称之为没有屋顶的四壁、均质空间的风景。

　　现代城市的风景，处在一个极为混乱的状态之中，这无须赘述。但是，为何荒废的风景会呈现如此景况，这个问题还是值得思考的。风景的荒废，尤其在东方，更广泛而言，即在非西欧地区的主要城市中尤为明显。东方国家曾以西欧文明为指导主线，推进了近代建筑的开发和兴起，但非西欧地区的造型传统和风土条件却是和西欧文明背道而驰的。原因不止如此，近代建筑侵蚀着传统风景，这种状态意味着象征社会性羁绊的屋顶的瓦解；古代传统建筑纷纷下台，取而代之的是新建的近代建筑，它们只会在经济理由的驱使下不断堆积；未能形成包含当下时代社会意义的部分，即新的屋顶。广义上来讲，我们眼前的风景，并不是基于生活的舒适性而不断展现的，它的空气中充斥着货币散发的味道，从外部支配着我们的生活。当然，这种风景，在自然调和说的冲击下，最终也落得解体的下场。

　　接下来介绍一个有趣的风景事例，以与上述破灭的近代风景做一对比——非洲热带稀树草原的聚落群开创的风景连锁。部族聚落大范围地散落在广袤的土地上，我们行走其中，展开调查，发现风景渐渐变化，并与已路过的风景的残影融合重叠在一起。各个聚落之间，彼此相似，又各自相异。各个聚落的风景都会让人联想到它们各自的屋顶，当我们穿过诸多部族的领域之后，凌驾于整个热带稀树草原聚落群的屋顶的风景，以及给整个区域搭建秩序这样一种形态上的风景，便在脑海中逐渐形成。那是一种部分和整体、自立和连带、差异和同一同时存立的风景，也是从复合住宅（Compound）起，到住宅、聚落，乃至聚落群等多种因素叠加在一起的屋顶的风景。这种屋顶的风景的成因何在？我认为是因为生活在热带稀树草原上的人们共享着"造型语言一览表"和"排列规则表"这两样东西。各个聚落均从这个共享的目录中，选出适当的语言，将其方言化，选出适当的排列规则，形成聚落。可以认为，这个推测经之后展开的记号论分析，某种程度上得到了证实。居住在热带稀树草原上的人们，以假想出的目录列表为秩序的根基，巧妙地避开了建立在均质性基础上的秩序，证明了差异和相似同时存在的秩序的可行性。各个聚落均从"一览表"中选出构成要素，并赋予它一定的形变，将它方言化。但是，变形也是存在规则的，所以最终得到的结果依然是几乎基本相同的要素在各聚落之间共享、应用。

如今，对我们而言，论述屋顶究竟有多大的意义尚存在很大的疑问。地缘社会瓦解之后，具备构筑力的有屋顶的风景已近乎一纸空谈。这倒是与没有屋顶的现代城市风景颇为合拍，着实奇妙。如果一定要在现代城市中找出屋顶的话，那么打破地缘性的构造组织——高速公路群，架在它们头顶上的那个线状屋顶，就是我们要找寻的目标了。一直以来，近代建筑都在竭力主张社区。但是，西欧中世纪的聚落中曾经存在的那种社区，在现代已经不见踪影。但是，社会也有各种各样的形态，例如印第安聚落中的社区。时至今日，我们已经无法将某种具备潜在可能性的社区构想完美表现出来了。但是摆在我们面前的还有一个明确的方向：带有离散拓扑的构造，当然前提是存在可搭建屋顶的可能性。这个方向也关系着之后要讲述到的混合系美学。

"四壁""地板""屋顶"三个概念，以正常事物来讲分别对应四壁、地板、屋顶，以上将它们转换为了空间概念，并用分解图式的方式进行了说明。这些都为把握空间的方法奠定了基础。这些边界相关的空间概念，是构成实际存在的空间的三个原型，即与房间、庭园、亭子相对应。但是，亭子的存在不能脱离庭园。以下再次简略地对这些空间要素做一说明。房间，其内部事件的生成与外部毫无关系，整个房间都不得不笼罩在事件的影响之下，它就是这样一种空间，且其内部发生的两个事件无法分离。反言之，只要处在房间外部，即可从事件中逃离。假设我们象征性地赋予房间一个拓扑构造，那么它应该是密着拓扑，即便不是，那么至少也应该能分配到一个较为粗糙的拓扑；相反，在庭园这个空间中，一个事件的发生并不会伴随着一定影响范围的展开，在两个或者更多的地点中发生的事件是可以分离的。因此，与这个空间相匹配的拓扑，当然要依庭园或广场的状态而定，但一般是比较有力的，比如离散拓扑或普通的距离拓扑。我们称这种庭园的空间性为地板；至于亭子，若处在屋顶下的领域之内，那么它便如房间一般带有一体性，但没有像房间那样与周边实现着隔断。一旦想与周边建立关联，领域就可以向外拓展。因此，与带有亭子的庭园相匹配的拓扑为局部较为粗糙的拓扑与庭园的拓扑相融合的合并拓扑。我们称这种带有粗糙位相的，换言之带有一体性的空间的周边为屋顶。我们可以认为，建筑即是由这些空间构成要素组成的即为复杂的复合体，但是它的复合性并不仅停留在结构复杂这个层次上，在一定的观测剖析深度上，甚至还可以窥得它特性相异这个奇妙的内在结构。即是说，建筑呈现的是一种套盒构造——某个空间要素中，还存在有其他一些要素。因此我们常见到的一种情况便是在某个层次上，某个要素可以看作是一个房间，但是到了接下来的一个层次上，它却可以看作是一座庭园。

　　以上意指之处并不在于对建筑的说明，而在于对空间的普遍性阐述。空间与边界息息相关，我试图将这一点予以阐明。空间并不仅指代物理上实际存在的空间，还存在着观念描述下的抽象化的空间。若想给予这些空间一个普遍性的把握认知，边界论是一条颇具可行性的道路。例如，语言的集合如何规定它所蕴含的意义，对于这个问题，我们尝试从文体角度上思考一下。很明显，语言的集合亦同于建筑，构成较为复杂，我在此对建筑也予以了空间性要素的抽离，这些要素的排列是存在相应的意义的。因此我们不得不限制停留于一个单纯的比喻上。就文体而言，还存在着数理性论文所应用的文体以及法律文体等，从性质上来讲，它们是仅依存四壁空间性的文体。这种文体下的文章乃至文章的集合，规定着一定意义的范围、领域。文体是依托于唯一性而存在的（它所蕴含的意义不可能会指代一个确切的意义点，当然这也是一种比喻，并不是那么重要。所谓意义，往往是以领域确立的方式得以展现的）。即，由这种文体组成的空间即等同于由房间的组合组成的建筑；相对地，谈及仅依存于地板的空间的文体，我们可以想到的具代表性的是诗歌的文体。此外，若有意避开意义规定的观念性文体，煽动性文体等，巧妙组织成文的话，亦隶属于这个范畴之中。这些文体多义性地生成了多种多样的意义领域。即，既可以解释为 A，亦可以解释为 B，甚至还可以解释为 A 且 B，解释为 A 和 B 的共通部分。进而，这种文体便形成了可以找出无数个 A、B 的象征性的语言的集合。也就是说，这种文体所依据的空间性是庭园或广场的空间性。实际这种抽象的空间极少露于表象，诗歌文体在地形层次上构筑起生成意义的地板，在此基础上，再构建出正中心、负中心、平坦地、鞍点等，进而让倾斜面产生变化，让意义产生流动和停滞、集中和分散等。于是，无限生成的意义领域便携带着某种倾向被给予限定，象征性语言的部分集合，借助地形构造的展现将意的无限项目纳入秩序轨道；关于屋顶的空间性相对应的文体。我并未有意借亭子这种建筑予以示例，因为它本身就是一种随想性的文体，虽然它试图规定包含意义的领域，但它依然是一种拥有如下空间性的文体。其空间性由两部分组成，一部分是无法完全断定的部分；一部分是其多义性的部分，它试图将周边的意义丰富化。也许，对于评论的文体，哪怕它所指向对象带有部分的性质，但只要带有地板的空间性，那么大多数情况下，它都会依托于屋顶而存在。

这样的图示讲解有多大的效用并不清楚，我们拿小说来举例。小说是一种具备了多种拓扑的文章的集合，如果就其空间性进行分析的话，那么效果应该与对建筑的分析一样。具体的诗歌、评论等文学也与小说一样，是由各种各样的拓扑组成的混合型，若从其他的艺术所展现的倾向来推测，也许它原本是一种纯粹又趋于统一的文体，而如今正在朝混合型文体转化。很明显，所谓混合型，它所指代的并不只是这里展现的空间的原型的混合状态，还包括更加特殊化的拓扑的合并、与拓扑的构造不同的空间特性，例如具体的造型、材质、样式、规模、方向性的混合。

此外，语言所具备的空间性会诱发虚构性，相同程度上建筑也会诱发虚构性。因为，虽然我们之前已将空间这个概念定位于一种"共同幻想"性的概念之下，但是，我们人类是一直守着稳定的秩序静静等候着的，我们确立其秩序才能继续生存，它并不是我们生存的支配者，而是我们生存过程中的同行媒介。此外，决定空间处于何种状态的过程，说它是一种趋于合理性的程序，其实它极大程度上依托的是经历经验。对于空间认知的确定，即使我们采取的是一种合理性的态度，所依据的法则性或者说因果关系，也只能是极为有限的空间性质一个侧面的因果关系，且人类生存空间中的因果关系基本都是通过经验得来的。那么在建筑领域确定空间的基准是什么？获得舒适感，仅此而已。舒适这个条件，某种程度上可以实现量化，但它不过就是一个初始性条件，还不至于有力到可以决定物体的形态、材质等。我们采用的确立方法其顺序为，先确立物体的理想存在状态，再确认法则性，与确立空间的顺序相反（先法则性，再物体的理想存在状态）。这种确立方法不仅限于建筑领域，在以物体为对象的工学、艺术领域等，它都具备着一定的普遍性。此外，物理学法则以空间为对象，它是可以提取出来的，而与人类生存空间相关的法则性却并不具备这种可能性。即，所谓"与人类生存空间相关的法则性"，这个词汇所指代的，不过是带实验装置的经验性"知识"的妥当性，而且这种妥当性相当有限。我们无法在具体的事例之外，即在至今为止建造的建筑、城市的事例之外，获得"知识"。不同的事例之下，所谓舒适可能会被给予多种多样的定义，随后我们对这多种多样的定义予以展望，同时重新定义确立一种更为舒适的状态，这个工作，就是建造建筑的行为。总而言之，建筑的确立，是对现实的虚构，与其说是一种技术性搭建，其实它更接近一种艺术层次上的定格。这个时候，我们基本上采取的态度便是：用各自不同的表现手法确立各部分的理想存在状态，若想对领域予以明确定义或明确规定，那么就确立四壁；若不想将领域明确化，进而谋求领域之间的相互渗透，那么就确立地板；若试图是两者同时存在，那么就确立屋顶。最后我们还将把这些手法应用于各部分之间的关联性上，虚构出整体的理想存在状态。

　　难点在于能不能与他人（如居住人）共享这种舒适性。事实上，能否共享，这也是一个事件，一种现象，事先并不知晓。但是，相对较容易共享的空间的舒适性，是建筑设置的与各边界相关的舒适性。从这个意义上来讲，各边界将成为他人与我生成共享部分的媒介。实际，居住人和我至少可以共同绘制平面图。
平面图是关于四壁、地板、屋顶的设置和排列，即边界的种类和数量以及位置
的计划。居住人和我，就边界的设置问题，互相贡献出彼此的"慧"。综上所述，
住宅的空间性可能会在多种方式之下得以确立，我从这些空间性之中，甄选确
定出唯一一个方案，编写出一个关于边界的故事。

当人们住在这样建造的建筑中时，便会将眼前的一切接受为现实来看待。
但是，即使是这样的现实，也许我们也可以将它看作是，已成既定事实的虚构
性的衍生。于是我们便可以通过各边界的抽象设置和具体的物象化构思，让虚
构性在实际的建筑物中得以延续。它与形 "将建筑确立问题上的虚构性替换为
实际不存在的强烈必然性" 成鲜明的对比。这种对比，换一种说法，就是对舒
适这个概念的理解的不同。在论述这个问题之前，我们先来看一下保存虚构性
的方法。

在对四壁、地板、屋顶的论述中，我想我应该多少有意识地对边界的虚构
性功能予以了展示。但是，边界的功能并不仅是规定空间的基本特性，在物象
化的过程中，它会赋予空间各种各样的意义。例如监狱的四壁并不像我们经常
看到的那样，环顾周边皆是冰冷，这种情况其实并不多见，它的墙壁完全可以
建得很明快。波普艺术的建筑就将这种边界面的表现自由度本身予以了巧妙展
现。在这种建筑观指导下，各种类型的建筑平地而起，如热狗形的建筑、恐龙
形的建筑、崩塌建筑物形的建筑等。即，边界表层的表现力是独立于建筑空间
结构之外的。在稍早些时候的建筑观中，这种表层的自立性基本是被禁止的。
从古典的观点，或者说从近代古典的观点来看，建筑的内和外必须各自保持一
个独立统一体的状态。将建筑内外隔开的边界、表层和内在这两面，是统一内
外建筑空间的媒介。这个原则，是建筑应该遵循的伦理。之前列举到的东欧的
广场等建筑，它因立面的附加，俨然已转化为一种表面性的建筑，即模拟建筑、
伪（pseud）建筑，所以也绝不可能收获较高的评价。而到现在，超写实主义

的巨幅画作装点了建筑物的墙面，古建筑矗立于玻璃幕墙建筑前，它的部分立面得以保存，曾经被蔑视的模拟建筑，却逐渐列入以内外统一见长的正统建筑行列中。

如此一来，表层的自立性得以正名，但并不代表我们可以马上断言任何外观都是等价的，因为接下来边界要构建界面。东欧的广场之所以能挽回名声，就是因为它将表层的自立性应用到了住宅景致的形成中。在东欧的广场上，对于面对广场的各个建筑的四壁的表层，即山花板，人们赋予了它一定的形态规则，由此，一种新的建筑集合——屋顶随即诞生，其中的住宅景致也因此得以纳入秩序轨道。当我们面对悲惨的现代城市风景时，从建筑到城市这种矢量发展路线，恰恰向我们指明一个需要虚心去探索的方向，也是真正可以支撑表层自立性的伦理力量。但是，东欧的住宅景致及其表层秩序的美学，已经不再是我们应该追求的目标了。

依实践而言，古典式住宅景致、城市肌理的基准、构成要素应该共享同一个造型模式。这个基准的实现过程非常重要。但是，眼前的目标是要开创一个条件，以保证构成要素在拥有不同性质造型模式的同时，还可以形成一定的秩序，并对"混合型"美学的展现。非洲热带稀树草原聚落的"一览表"影响下的共享构造，即是其中一个方法论事例。即，我们需要将各建筑物所包含的立面要素条理化，并给各要素赋予变形规则。在这个无序松散的框架结构中，只要各建筑开创出自身的独特立面，隐藏的列项想必自会为住宅景致构建相应的秩序。这个方法对于混合型住宅景致来说还有些原始。我们设想中的混合型，其实指的是超现实主义所提出不同性质的部分的相遇，会在一种更自然的方式下，并在携带着某种秩序的前提下发生的状态。开创出这种状态的条件至今依然不明。其中的一个可能原因就是，混合型的美学，它的存在，仅仅是一种对实践美学、对既成美学的批判，它没有可以遵循的一般理论。我们试想将混合型理想化来做一番思考，便会发现，它所追求的目标，是原本无秩序的状态中的秩序。这是一个矛盾的命题，这个命题意味着展现的无限发展和推进，就如我们在不断革命论中看到的那般——可以认为，这就是上述结论的根据所在。

但是，如果我们将混合型的美学认知为一个现实的课题。例如，如今的城市由多种要素构成，其混乱的景观需要重建，如果我们将混合型的美学认知为这种重建服务的美学，且它可以纳入某种定式化，那么也并不代表我们无法挖掘出一些指导方针。第一个方法是构成边界面的要素避开自我完结，如拼贴绘画那般，停留于某个系统的部分的状态下，然后人们再将这些部分适当地进行排列，从而生成某种整体性。这种方法更像是一种缓兵之计。当性质不同且具备自我完结性的系统相遇时，它会避开那些尖锐的对立、矛盾的发生，将完结性转交于各个部分的集合；第二，不对要素的特性进行限定，而是对要素的排列提供某种条件的方法。例如，对于由界面包围起来的空间的几何学形状，事先对它做一些处理，以更容易地将不同性质的各个要素迎入其中，就如我们在印度聚落的广场、空地上看到的那般。或者，不直接通过形状，而通过轴线、格网等展现排列规则；第三，仅在与不同性质的要素的相遇接触点，即接合处相关时，才进行调整的方法。例如，能承受任何要素之间融合的通用接合处的相关准备（这时候只有接合部分是均质的）；每次接合发生时的具体的接合部的准备等。当然还存在着其他的方法，这些方法都可以结合实际情况分别得以适用。总而言之，混合系的美学打造的边界面，是带有虚构性的边界面，它最终不得不成为虚构的立面。

就我个人的兴趣而言，我喜欢将这种城市性课题实现于小型建筑中。于是便会有新的虚构，这种虚构应该称作"埋藏"。我们来看一下住宅的例子。即使是住宅，如果我们将它看作是各种四壁的集合，那么这些四壁建立起的界面自然便可生成。至今为止，我一直试图将界面的生成本身予以阐明，因此，创建混合型界面的意识较为薄弱。其实可以说，我在东欧广场的古典美学上有所收获。我曾试图以负的中心，山谷为媒介，对界面做一清晰的认知。然后很自然地，在极小的住宅中形成"思考城市"这种形式。这项工作，就是将城市藏于住宅的计划。如此一来，这项工作不得不去依靠一种象征性的手法。换言之，空间在这个过程中会逐渐强化自身作为场的特性。

我走在夜路之中，看着万家灯火，知晓自己正阔步于外部。路程不断前行，道路逐渐明亮，人影绰绰可见，各式色彩亦开始浮现。随即，店铺立于两侧，水果店、时装橱窗、音乐等。行走于此，我又觉得自己正移行于内部。这种欢悦与明艳的渐变，即唤起了空间内外的"反转"。这是边界面引发的空间效果中，最有趣的现象之一。我曾试图将这种反转性纳入住宅中。一般进入住宅中，会有一种回到家的感觉。住宅给人的这种感觉仿佛是一种表演，它会让你意识到你曾经一时身处外部。因为，这种反转的感觉给我们带来了诸多生活上的舒适感，从这个角度上来讲，我们可以认为它对现代住宅而言是一个不可或缺的条件；另外还有一个原因，即我们可以认为，从种种理由来看，舒适感都会得以保持。所谓种种理由，例如充足的阳光和亮度、可自由使用的空间、住宅内的人与人之间的充分的距离感、单间的必要性、干燥的空气、空间的容量、邻居之间的不必要干涉的消除、现代城市缺少的秩序、物体的易整理性、主妇的生活、孩子的生活，最重要的是住宅的生活性。如果要满足这样的条件，那么原本住宅周边应该具备的城市空间，就会生成于住宅内部，最终，各种各样的边界面的效果便会出现，即内和外发生反转。空间反转的现象已在马格利特、埃舍尔等画家的作品中有了明确展现。

但是，在这种反转的影响下，虽然城市"埋葬"于住宅之中，但同时住宅也被赋予了虚构性，这种虚构性又使住宅变成了目前"非真正意义上"的住宅。生活行为成为一种扮演式行为，并逐渐具备倾向化。一座建筑，与其说它是建筑，它更像一种舞台装置。但是我确信，这种看似虚构的行为，其实是真实的。反观如今坐落于世间的无数住宅形式，如某些可悲的房间，它们与日本传统相去甚远，却还在使用着几叠几叠（榻榻米）的说法来表达面积，还保留着壁龛；

还有些住宅形式，推开它们的玻璃门，就能看到邻居家洗手间的窗户，它们的起居室里，放一个沙发便无处站立，我们甚至还可在其中看到案板上的卷心菜。这样的建筑形式，才是真正的虚构。这种生活，就仿佛是一个单纯的故事，一本通俗读物，只不过我们却把它们当作了现实。

我们围绕边界的话题，对交换和媒介展开了考察，但前述内容中，却少有对交换的涉及。但实际，边界在其空间性范围内是在不间断地催生着交换的产生的。它推动着各种交换的进行，如从人和物体的出入，到信息的交换，到能量的交换等。此外，边界的表层还会置换空间的意义，从神圣到平庸，再从平庸到神圣，就如祭祀活动的装饰一般。接下来我们再次设想一种城市或建筑的模型，以及，以边界形成的各种领域为要素的形态学模型，那么这个模型便会向我们展现一个事实：同系列的要素之间是可以置换的。这个问题，之前我们通过四壁、地板、屋顶等要素也进行过一定程度的阐述。城市、建筑呈现着多样化的形态，实际若要在表面上对它们进行一定的分类，也必须要通过这种模型才能实现。之前列举的聚落，就是这种模型的典型形态。因为我们可以说，实际的城市、建筑，就是对模型置换可能性的一种展现，也是一幅文化互换的风景。

但是在边界论中，最直接的交换就是"反转"，就是内和外的交换。也许，这其中最具魅力的反转，便是现实与构想中的世界，与虚构的世界之间的反转。如果将地形曲面进行反转，那么负的中心，即山谷，便会被置换为正的中心，即山脊，这一点我们在地板的部分已经有所了解。界面的手法，它激活了负的中心，也就是边界—山谷，它的存在即是为了诱发反转的美学。如今，现实中的边界的构图形态，结构相当复杂，从状态上来看，似乎并不存在可实现反转的可能性。这种几何学的复杂性的功能，就是阻止置换现实和理想的发生。面对这样的现实，我们应该采取的态度是明确识别什么是现实，什么是面向未来的假想出来的虚构，在这之前，我们还必须具备解读现实虚构性的感觉。也就是说，现实不过就是一个故事，一个具体的空间，它不过是在偶然机缘之下得以实现的一座建筑。同样，我们也可以认为它就是一种文学，它也可以是任何其他建筑，任何其他文学。如此这般，当我们将整个现实看作一个假扮的世界时，便会发现，这个世界上，既存在着巧妙且美丽的假扮，也存在着丑恶又缺乏美感的假扮。自然，我们会对美丽的假扮趋而附之。这种极为险恶的表层的逻辑，同时也是静态反转的一个契机。何谓美，何谓丑，将美丑之间的区分边界明示于人，这就是文化。

边界展现的是一种伦理性。如果四壁是边界唯一的理想存在状态，那么假扮的美学就无法成立，因为真相和虚假是要被明确分离的。当我们失去神明的时候，取而代之的，是我们对新边界的存在的了解和知晓。首先，我认为存在一个封闭的空间。但现在已经没有所谓的"偶然机缘"了，它已经结束了，我也将再次回到绝对的四壁的另一侧。建筑是曾经的生存印迹，它最终将会被带入一个死亡的空间中，其中的反转是存在可能性的；我们用光彩和排列装点黑暗，使它更加庄严肃穆，这样的反转，也是可能实现的。

注释

［1］参考《数学辞典》第二版（岩波书店，1968 年），"复数"以及"共形几何学"部分。

［2］"避难所"的概念参考阿部谨也先生、网野善彦先生的著书。

［3］参考 Leonard Benevolo,*The history of the city*,The MIT Press,1980,756—764 页。

空间图式论

　　本篇小论曾收录于《场·空间·时间》（岩波书店，新岩波讲座·哲学7，1985 年），原为一篇题为"空间的意义构造"的论文。从内容上来看，它指出了空间图式的所在之处，因此在本书中，仅有标题的变更。在这篇论述中，指出空间图式所在之处的部分中，关于从黎曼到梅洛·庞蒂的空间把握的决定性变革这一问题展开论述的地方，是"空间的把握和计划"中关于空间和体验的论述部分（291—300 页）的极简摘要。"空间的把握和计划"曾收录于《建筑计划》（彰国社，新建筑大学系 23，1982 年）。

　　空间图式这个概念，也许在心理学等领域已经有所使用，而我在使用之前，并没有进行用语措辞角度的研讨。之前，我正在撰写一篇题为"近旁概念和空间图式"的短篇论文，随后我以胡塞尔提出的空间构想为近旁概念，并以此为依托展开论述。我发现几个准距离空间存在可能性，于是我便将具体案例用图式形式展现出来，所以本篇小论中的空间图式这个表达，是延续上述行为的使用。若担心出现用语混乱，那我将来会予以适当的关注。

我们通过语言、逻辑学式记号来进行思考活动，这是一个不争的事实。但同时，我们还会借助熟悉的图示，以及人们共享的某些场景来进行思考判断。这种状态众人皆知，但它却并未建立一个逻辑体系。如果要对这部分内容予以逻辑化，那么"记号"这个概念可能就有它的用武之地了。如此，若我们对记号做一认知，那么这里所提到的空间图式就是记号的一种理想存在状态。

如果不存在这里论述到的空间图式的道具、装置，那么我们将无法对经验展开说明，而本篇论述的要点，就在这种前提之中。对于我们而言，需要准备好相应的程序，以便将体验到的场景直接概念化，或者在保留框架的状态下概念化，如果不明确指出相应的概念，那么我们将无法论述空间。

对于空间体验的时间性经过，我们可以用"褪色"这个词汇来表述，这部分内容在"从功能到形态"中，则是通过"黄昏""拂晓"两个词汇来进行说明的。这篇小论实际是"从功能到形态"前面的一段。"形态"这个概念，在本篇论文中首次使用。在这之前，我一直避免用一定的词汇记述"形态"所展现的内容，最后，陷入了不得不选出一个措辞的境地。我准备了两个词汇，一个是空间图式中的情景图式，一个是展现其内容的形态。通过词汇备案，我感觉以后在思考上的障碍会消除。但是，对于在思考上有困难的部分，我只是将它用括号括了起来，也就是说，只对它进行了概念化，而其内容，则仍如汪洋大海。

我们在历史深处，会对时间和空间做出区分，遵照这个惯例，当我们回溯历史之时，人们就已经萌生出描画地图的想法了。也许最初，人们只是描绘了自己居住的地方周边的地图，但从留存下来的记录来看，他们描绘的地图其实跨越了相对较广的范围，从结果上来讲，他们竟绘制出了可被地图学家称作"世界图"的地图。如此一来，将空间图示化的工作就展开了。如果，建造建筑、城市这项工作，就像描绘地图一样，是一项将空间图示化的工作，那么就算从记录方面来讲，这项工作可能要追溯到古代了。有时，人们在建造住宅或住宅集合时，可能会萌生描画世界之图的想法。住宅、聚落就是世界的缩影，或者说世界的中心，这样的图式也并不是那么没有根据的推测，房子的柱子、村里的圣树是世界的中心，世界的象征，这样的解释到处都在流传。伊利亚德称这种柱子、树木为世界之轴（axis mundi），以柱子为中心的房子，以树为中心的聚落，都是世界模型。

随后出现了各种画法的世界地图，留存下来的有东方在上的地图、南方在上的地图。如果以地中海为核心，那么耶路撒冷将会占据东部地带，这种将耶路撒冷放置到最高位置的图，无疑是最容易理解的世界地图之一。如今看来，南方在上的地图仿佛倒立过来的图一般，然而如果以南中天时的太阳的位置为轴，那么这种地图在北半球也行得通。每一幅地图，以及每一个构图中，都隐藏着固有的意义，它们构成了一幅有趣的世界解读图景。有意义存在的，并不仅限于事物本身，事物的排列、摆放方式中也有其意义。时至今日，日本依然蜷缩于地图一隅，一幅世界地图的完成似乎并不轻松，但这份辛劳成果，在日本人看来，也并不是那么让人开心的东西；而表现阿拉伯世界包围以色列这种局势的地图，我们明显可以读出其中的政治性意图。这些都是排列本身所拥有的意义的例证。

学习一下地图的历史，我们会发现许多世界地图，如 TO 地图、区划地图、波特兰型海图等。用今天的地图知识来看，这些地图中其实是有错误的。它们并未将实际存在的空间准确地反映出来，同时还存在着歪曲。但是，如果将这些地图看作对世界的构想，那么作为一种解释，即作为一种意义的拟订方案，它们在今天仍然是具有价值的。所谓地图，不过是先选出必要的信息，然后遵照图法描画出的世界构想。从这一点来讲，虽说是"现在的地图"，但其实没有什么改变。一般认为，地图是反映事实的，这种情况下，所谓事实，其实就是构想出来的结果，解释得出的结果。距离可以在不同图法下呈现出多种多样的描绘状态，假设我们在描绘地图的时候用时间距离取代一般意义上的距离（时间距离，即通过从一个地点到达另一个地点的时间计量出的距离），那么绘制出的地图将出现大幅度的歪曲，即使取出一段距离，也只能说明地图指出了与距离相关的各自的构想。

如此一来，地图的历史，可看作是世界，或者说空间构想的历史。这个构想看似宏大，但其实就是人们在日常生活中体验到的，各种局面的积淀。我将这种在某个环境中，对该环境予以意识的局面称作"情景"，所有构想的起源都在日常的"情景"中。一直以来，人们都通过情景的聚集绘制地图，时至今日，我们虽可自动从人造卫星情报中输出提取土地使用图，但其中的原理却没有改变。从绘制有田地、住宅的图式中挖掘出意义所在的，不是电子装置本身，只能是人们日常生活中的情景的体验。

我们周边的环境，就是意义的诱发装置。或者说，环境本身就有意义存在，我们已经在解读其中的意义。但是，环境本身存在意义这个理论颇为牵强。就如我们之前所观察到的那样，如果我们真的能绘制出多样化意义的世界地图，那么环境本身所蕴含的意义将会变得非常隐晦，就算这个理论是正确的，现在我们且称它为"环境意义论"，它最终也只会招来混乱和不严谨，并不会具备有效性。例如，假设我们就环境展开某种调查。那么，在我们提出"关于什么"的时候，其实关于环境的解释就已经开始了。即使调查方法合情合理，其实也已导入了极为宽泛的解释。此处争论的焦点是：通过调查描绘出的最新事实，它是在环境自身之中，还是由研究者构想出来的。从经验来看，之前的状态，可以称作是环境和研究者之间的亲密交相呼应时间，是一种主体和客体的溶解时间。结果展现出来的，是伴随着决断的解释，即，是一张如地图般的图式。环境，是一个诱惑者，它在向我们发出邀请，并暗示我们既可以这样解读，也可以那样解读。然而我们总是能看到一个意义相对比较安定的状态，但是它并不存在于环境自身之中，而存在于观测者所定立的图式之中。从结果来看，我们并未站立于环境意义论之上，而是占据在了图式中有意义存在这样一种立场上，换言之，我们加入了"图式意义论"的行列中。

将上述短论做一概括即，环境，就是一种意义诱发装置，而人类是一种构想环境意义的存在。环境无休止地引发多样的意义，与此相对，对此予以收集并试图建立秩序的我们，就是展开辩论争锋的熔点，意义完全相同，可以说，人类和环境将构建一个生成意义的一体系统。这个系统，就是"情景"。随后，通过系统生成的，就是图式，接着，我们会在这个图式之中寻找意义的构想，即解释。在这种理解的基础上，或者说为确证这种理解，我将尝试展开以下论述，同时，也必须要开始做一些相关准备，以便逐渐将环境这个词替换为空间。

19 世纪中期，数学家黎曼提出了一个关于空间的革命性见解。从意义的角度来讲，"空间的解释是权宜性的"[1]。我们还可以在洛克等人的经验论中看到与这个见解类似的观点，而在这之前，以"空间的正确把握"为目标的大量考察，则形成了空间概念史。而追求更加正确的空间的人，则陷入了不得不把之前关于空间的诸多见解全部抹杀的境地。黎曼描绘出了一种与欧几里得几何相对应的另外一种几何，并借此，自行站立在了庞加莱所提出的相对论的立场上，为这种境地画下休止符，并使空间概念史的所有见解得以复苏。这个事件在思想史上也具有划时代的意义，可以说已经远远超过了学问层次上的伟大功绩的范畴。黎曼提出的"权益性解释"，之后很快便被数学家庞加莱继承，并得到拓展和推进。庞家莱对该理论的拓展是极为丰富的，概述为以下两点。第一点，空间中，存在着"几何学空间"和"表象空间"。所谓"表象空间"，即人们所感知到的空间，若从人类学角度对这种空间予以考察，关于它的性质，也许可以追溯到闵可夫斯基提出的"被生存的空间"；第二点，是一个立场，即：抽象地构想出的任何"几何学空间"，脱离体验都是不可能成立的[2]。就这样，空间的考察已做好了相关的准备，今后体验几何学确立工作的展开，是起始于胡塞尔的现象学对它的继承。

关于对空间的论述，我们已然接受了庞加莱的启发和暗示——必须要对实际存在的空间和体验、抽象化的空间和体验这两个阶段乃至范畴予以关注，但其实环境就是对实际存在的空间的另外一种记述。而对庞家莱的启发予以重复，并主张树立同时、统一把握两个空间的物理学的，是马赫。马赫与庞加莱一样，认为存在"计量性·概念性空间"和"生理学空间"，并提出了基于体验的物理学的构想，其基础概念，就在"感觉要素"的集合与要素之间的关联（函数性依存关系）之中。所谓"感觉要素"，就是依感觉感知到的环境构成要素（颜色、声音、热等）[3]。个别记述的物理现象，抽象地构建起来的几何学——马赫的构想，就存在于，通过人类的感觉，换言之通过体验实行的，对这些因素的集中把握之中。这个构想，不仅为环境心理学、行动科学奠定了基础，也对现象学的考察轨迹，做出了预言。

胡塞尔对空间做过的相关考察，量非常庞大，如果要从中甄选出一个核心中的核心部分，那么应该是"作为'方向定位'中心的身体"或者说"作为'方向定位'原点的身体"这个概念[4]。这个基础概念，直译过来就是：活动的我的身体是世界的中心；如果要与胡塞尔自身所展开的工作建立关联的话，这个概念就是建立某个疑问的出发点的概念，这个疑问就是：空间如何通过我的体验得以系统化构成。胡塞尔提出的构想是动坐标的原点，这个构想与庞加莱的"不动的物体不存在几何学"见解是相通的。随着现象学的展开，如今我们已经对胡塞尔的"身体"极为熟知，从另一方面来讲，它与巴赫的"感觉要素"以及作为其整体性的"函数性依存关系"构想，是并行被定立为系统化空间的构成原因的。"方向定位"是胡塞尔空间研究的基础概念，他认为"空间性存在，只有在某种或某一个'方向定位'中才可直观所视，才可'出现'"[5]。即，为何空间性存在会浮于我们的意识之上，因为将身体放置于中心才可确定该存在的空间性位置，这个特性，存在于体验的根源中。因此，体验中存在着将空间系统化构成的力量。抽象构想出的空间，例如几何学空间，它们从体验起始而形成，对于形成的程序，胡塞尔试图基于上述基本构想，对其予以逻辑性阐明。

海德格尔试图基于功能论构建空间性秩序。关于这个知名的空间论，我想现在应该没有必要在这里再重新阐述一遍了。现象不是作为物体（Ding），而是作为道具（Zeug）出现的。既如此，那我们的存在空间性，即是在道具相互之间具备的关联性中，得到秩序构建的。海德格尔的天才装置，就是"消除隔阂"（Ent-fernung），这个装置，正好对前面的胡塞尔引文的后半部做了补充[6]。胡塞尔执着于坐标，他让我们感觉到的空间图示，带有一些古典式的僵硬，与此相对，海德格尔则会让我们联想到，规定近的程度的特异的空间，或者说，较为灵活的空间的图式。事物是环境的构成要素，而它将作为道具出现这种构想，撑起了近代建筑美学，以及更为普遍化的关系论，但是只要我们对空间的意义还有关注，海德格尔的存在论就可以作为一种图式而相对化存在。

梅洛·庞蒂提出了一种比之前任何一种哲学思维，都更加贴近日常生活的思维。下面这些话语，很充分地展现出了该哲学思维的这种特性，即，"我们必须这样表述：我们的身体存在于空间之中，或时间之中。我们的身体，是深居于空间、时间的[7]"。这个观点，与海德格尔提出的，对我们存在的"空间性"进行说明的程序类似。在海德格尔看来，空间不是事先存在的，因为存在的"空间性"，人们才发现空间。这些思维，是从黎曼继承而来的基本路线，一个世纪的时间中，从"权宜的解释"到"深居"，它所蕴含的意义经历了一个丰富化的过程。其实，我们在许多地方都得到了梅洛·庞蒂的启发。我们将关注目光投向"身体图式（schéma corporel）"。所谓"身体图式"，基本就是人对自己的身体进行把握的图式，就是格式塔心理学时的"形态"。据梅洛·庞蒂的概括，"我的身体就是朝某个现状性或可能性任务进发的姿态"，"我的身体就是表示世界内存在这个事实的一个方法"[8]。当我们将这些概括论述与"深居"融合在一起时，我们便可通过以下比喻来对"身体图式"进行理解，尽管这样的做法有失严谨。我认为，所谓"身体图式"就是实现我的身体的设计图。

自黎曼起，相关的思维观点不断沉淀积累，若要从中追寻出一条思路的系列，则我们会提取出"空间是要设计的"的观点。而且这种空间的设计，是拥有多种形态的，从对日常情景的把握到几何学的确立等，如果对这一性质做一概括性认知，那么可以说，"空间图式"概念的引发，是在梅洛·庞蒂"身体图式"概念的推进延续过程中实现的。空间的意义，并不存在于实际存在的空间、观念性记号组成的抽象化空间中，而存在于将它们纳入秩序化的空间图式中。庞加莱、马赫所指出的空间，并非实际存在的空间，而是已经经过解释、构想的空间，都是特定的空间图式。然而我们就是要在这些空间中，探寻出实际存在的空间的意义。若要阐明实际存在的空间和空间图式的关联，塞尚某个见解较有参考价值，即"自然即见所绘"。也就是说，作为空间图式的绘画，它会规定自然的意义以及自然的可见方法。对于塞尚而言，绘画就是自然这个空间的设计图。任何一个人，都如塞尚作画一般，时常进行空间设计，不断设计着空间，换言之，这个过程的每一次展开，都伴随着"空间形成"的发生。而现象学阐明了塞尚在描绘自然的情景。

就现象学的教义而言，区分"实际存在的空间"和"意识中的空间"已经基本没有意义了。空间就出现于对两者的整体性把握中。但即便如此，我们仍然将"实际存在的空间"保留了下来，这样做的原因始于一种常规性的确信，即：即使我们死去了，可能实际存在的空间依然会留存下来。"实际存在的空间"具备着一种能力，即：它可以记录下他人描绘出的空间图式。海德格尔虽已离世，但他的空间图式却依然可以作为实际存在的空间记录于自然之中，而我们则可以去翻阅自然的记录，借助他的著作学习他的空间图式。从这个意义上来讲，那么空间图式和"实际存在的空间"已经实现了一体化，社会化。对于这个自然，即对于环境，即对于"实际存在的空间"，我们与他人共享，由此，空间图式也实现了它自身。

　　空间图式就是空间的形成，空间的解释。空间的意义，并不存在于拥有无限记载能力的"实际存在的空间"中，也不在"意识中的空间"中，而在空间图式中。"意识中的空间"时至今日，仍处在一个不得要领的状态中。因此，若要研究空间的意义，那么我们所指向的对象，就不应该是实际存在的空间、意识中的空间，而应该是空间图式的意义。

　　空间图式的体系性把握几乎不可能展现出多样化的形态。其实可以说，空间图式的体系学才是几何学的终极目标。这里我们不妨切出一个图式群的断面，以展现空间图式宽泛的成立范畴。这个切断的观点，就存在于空间图式和身体的关联中，我们可以认为这个断面有三个极。现在我们称这三个极分别为"情景图式""构造图式""逻辑图式"。"情景图式"是在场景中形成的空间图式，身体直接与之相关；庞加莱曾指出，没有经历，任何几何学都无法成立，从这个意义上来讲，"逻辑图式"是与身体相关的，而从表象上来看，在经由图式而获得意义的空间之中，身体并没有就位。"逻辑图式"的形成，是跟随在观念性层次上构筑而成的空间之后的。"构造图式"身体是远离这个空间的；位于身体性浓厚的领域和身体性稀薄的领域之间的模糊边界，即山谷中。"构造图式"是"情景图式"的单纯化，同时也是"逻辑图式"的基础，在某些情况下，实际存在的世界中，也会在可见经验之作用的程度上，存在相似的情况。对于实际存在的空间，我们不一定会让意识，对记忆中实际存在的空间产生作用；或者说，对于抽象化的数学或哲学性空间，我们也不一定会通过某种图式对该空间做出解释。我们会将各种图式，同时叠加在一起进行解释。这个由多层构造形成的图式，有时可能会呈现在它的某些部分中，身体会直接呈现出来，同时，某些部分中又会具备相当的逻辑性，且身体是远离的状态。当我们试图通过经验性局面对晦涩的几何学做出理解时，这样的图式就会生成。因此，这里提出的三个图式，展现的也不是分类性范畴，而是表现倾向的极。

　　"情景图式"是将体验到的场景直接图式化的产物，我们可以称它为图式化的场景。我们能在日常生活中无意识地展开行动，全部依赖于这个情景图式。情景图式拥有着一种潜在力，这种潜在力会让我们去预测接下来可能会出现的场景，它包容着通常状态下会发生的场景的变化。这种潜在力，就存在于情景图式所生成的无止境的"变形"中。变形装置的基础，就是情景图式构成要素的单纯置换。观察一下某个图式中的树木，我们便会发现，新绿的树、夏季的深绿之树、红叶树、落叶树等，将被置换的要素的集合，即范例（排列），与一个情景图式是对应的。在这种置换的积淀之下，熟悉的风景将我环绕，而我又可以将自己推移向另一个我，这个我邂逅了新的风景。变形装置的第二个补充性基础，是情景图式的要素附加、现存要素的消逝，或者说要素排列上的移动。我们可以将它看作是与情景图式的集合和排列（组合）的变形。这种情况下，关于情景图式，它的变形将被容许到何种程度，这个问题将是我们关注的对象。

情景图式并不只包括支撑着我们日常行动的惯例性空间图式。极为特异的场景，亦是通过情景图式得以把握的，如果该图式拒绝变形，那么它将会成为用梅洛·庞蒂设置的"人类学空间"的语言无法阐明的解释、意义的认知。如此，情景图式具备着特性上的一个侧面，即：它会通过与语言学模型相类似的组合装置得以说明，情景图式的意义的相关研讨，也将依据这种特性而得以展开。

"构造图式"中有两个形态。其中一个是已单纯化的情景图式这种形态，在这种情况下，构造图式将会经由情景图式的变形得以诱导。例如，天和地、天空和水等图式，包括最新体验到的场景中的意义把握的混乱，都将通过构造图式，逐渐达到一种意义认知的境地。当情景图式变形为构造图式时，各个要素的消逝是非常明显的，我们可以将这个程序解释为"褪色过程"。一个物体、一个事件、一种语言乃至一个概念所展现的图式，就在这种褪色过程中。对于石头、铁、祭祀、劳动等名词，我们在脑中都有一个空间性的范畴性集合印象。我们称之为"情景图式"，或"情景图式的基础"。如果我们切出空间图式的其他断面，那么应该是可以与展现单纯关系性的构造、要素乃至基础区分开来的。

此处，我将把着眼点放置于一种构造性上，这种构造性，它具备着在褪色现象中保存范例性集合概念的极限（无，乃至空集合中没有范例性集合时的极限），换言之，就是展现置换原理的基本型的构造性。

构造图式可以被解释为一种相对单纯化的情景图式，与此同时，我们还将它阐述为一种抽象的空间图式。例如，天和地、天空和水这类图式，它们诱导出的是抽象化之后被称作二项图式的构造图式；单项组成的褪色图式诱导出的是被称作要素的图式；完全褪色的图式诱导出的是被称作无的图式。但是此处有一个问题，那就是构造这个措辞用语的问题，单纯化的情景图式将诱导出的是置换、还原、对应等操作，连接、分离、顺序等状态，以及直线、点、集合等基础概念。如果我们想看一下通常意义上符合构造这个定位的图式，那么立刻可以举出很多可供参考的空间概念系列，如，格式塔心理学中的"图和地"、超现实主义中的"置换"（这个图式与洛特雷阿蒙的"缝纫机、蝙蝠伞邂逅于手术台"情景图式之间，是重合在一起的）、李维·史陀的"拼贴"或者说隐喻、甚至新柏拉图主义的"发出和回归"、伊斯兰教义学的"空间要素"（space element）等。支撑这些构造的基础形象，会得到身体性体验的直接证实，同时，它们也宣告着，身体已经在那里被外部化的空间所生成。已被单纯化的情景图式，与已被单纯化的逻辑图式之间，是重合在一起的。实际存在与观念融合的场所，不明晰的身体性边界的场所，这些都是这里所提及的构造图式。只要我们的观察仍处在切断的空间图式断面中，构造就是身体的呈现和远离，实际存在和观念的分水岭，同时也是两者之间相互融合的山谷。此外，构造图式的潜在力，正趋向于新的功能方向，即构建作为各种空间性解释的空间图式，并赋予其相应意义，成为我们所说的空间性想象力的基础。特别需要注意的是构造图式所拥有的诱导力，这种诱导力，会如几何学公理一般，在构筑逻辑性空间时发挥作用。

"逻辑图式"会出现在观念性构建起的空间的记述中。这个图式，与架空场景的图式，与宛如身体就在那里的场面的图式不同。那么关于依照文学作品、建筑的方案等描绘出的假想的光景，作为该局面的解释而形成的空间图式就是情景图式的一个形态，我的身体，就是一种作为观众，或作为当事人而组建起来的场面。这里讲到的逻辑图式，就是逻辑性构建起的空间的记述或传述认知的图式，身体仿佛完全会被排除。该图式通过身体性或经验构建起自身的基础。若想见证这一景况，就必须要回归到某种构造图式中。高度抽象化的几何学空间，其特性就在身体性的排除中。另一方面来讲，我们熟悉的几何学空间，例如一般的距离空间等，有时会被解释为情景图式。逻辑图式在某些情况下，会与象征性情景图式重合在一起。这时，仿佛已退去的身体，会呈现于逻辑图式之中，与此同时，我们发现，它虽然称作逻辑图式，但它的基础构建，是经由体验得以完成的。当物理学家为实际存在的空间赋予新的解释时，如果要搭配使用一个已经发现的空间逻辑图式，那么也许我们同样也会感受到身体的回归。向新的逻辑图式推进的诱导力，以及将身体召唤回来的力量，为逻辑图式的潜在力赋予了它自身的特性。

以上是图式论的一个简略构图。在此，我将就与身体性密切相关的情景图式展开考察。

某个情景图式，可以分解为多个已褪色的图式，反过来也可以将这个情景图式看作是这些分解的图式的合成或者叠加。这种空间图式的多重性、多层性，就是空间图式所拥有的空间性，我们可以认为，意识的职能原本就具备着这种空间性。在某个场景中，我们通常会在把握整体的同时，将关注点投向某个特定的部分。然后我们将观察到该特定部分发生变形的可能性。这种对整体中的部分的功能做透析的构想，就是空间构想的一个基本形态。如果现在，我们将褪色的图式中已保存的部分看作"有意义的部分"，那么"有意义的部分"的范围得到固定保持的，时间性经过，就是情景图式的持续，即，图式处在一个安定的状态中。在此，情景图式与构造图式（由包含意义的部分与不含意义的部分组成）重合在一起，如此这般构造出场景，这种意图就是空间构想的基础。

从某地点移动到其他地点，如果这个过程被频繁地反复地体验，那么它的路径就会对有意义的部分的范围做出限定，对变形中的范例性集合加以高度限制，并赋予情景图式安定性。即是在不伴随移动的情况下，我们同样可以将从某个时间点向另一个时间点的场景推移，重新看作一种"路径"，将其推向普遍化。习惯会形成叠加了路径中的一系列情景图式的图式。这种多层图式的内部分层，有时井然有序，有时粗略草率。顺序是一种构造，一种空间性现象，也是构想的基础。路径的概念并不严密，但它可以在某种程度上将时间空间化。我们可以通过各种路径选取方式，将过去体验到的场景的积淀，以及未来可能体验到的诸多场景予以图式化。自古以来，我们将纳入这种操作中的多层性图式，比喻为"旅途"。

关于空间图式的多层性，也许人们已从空间图式的空间性角度，进行过诸多考察，在此仅举两例。第一例是现实与虚构的双重性。例如，当我们沉迷于某本小说时，我们便会同时生存于现实与虚构两个场景中，且我们对于这种状态，并不会感到不可思议。这种叠加，与身处现时思忆过往，身处现时远瞻未来时的叠加基本相同，意识会描绘出同时处于两种路径中的我。如果路径是各个情景的叠加，那么两个路径的叠加就会具备较为复杂的结构，在我们追忆往昔憧憬未来的局面中，现实与非现实、过去与未来等各种路径的混乱便会产生，多层性的程度也会很复杂。如此一来，多层性自身的构造化提上日程，针对情景图式的集合，各种构造化工作就此展开，可以让我们联想到代表性图式的象征论性构造化、试图给图式赋予功能的功能论性构造化等，意识的破坏得到了避免。因此，也许空间图式的多层构造论，就是空间图式的图式学，就是意识学说的一个领域。

在位于惰性化路径中的情景图式中，当预想不到的变形推进展开之时，或者说，在路径与路径的特异叠加中，有新的情景图式生成时，意义的构想便会自行陷入不可理解的状态，而且，如果我们不得不把它看作是象征性情景图式，那么这种情景图式，就处于俄罗斯形式主义所阐明的"异化""非日常化"的状态中。若将其归纳为路径已成迷宫这样一种见解，那么它就处于超现实主义所提出的"置换"的状态中。如果不得不将这种意义不明的情景图式定义为一种意义本身的话，那么这种意义的特性，便可以称作"隐喻"。自俄罗斯形式主义以及超现实主义起，至李维·史陀规定为"拼贴"的图式叠加理论，关于空间图式的多层性考察，就处于这条发展路线的延续之中。

空间的意义即使不转化为语言，我们自身也认可其所蕴含的意义，空间图式就是认可手段；与此同时，即使我们不使用语言或数学性记号，我们依然可以对共享其所蕴含的意义的状态进行说明，空间图式就是试图展开这种说明的概念。在语言领域，某个记述是否只传达一个意思，关于这个问题，讨论的余地也许宽泛多样，而涉及诸多空间图式，排除掉逻辑图式，以及有逻辑图式倾向的构造图式，则构想出来的意义的传达，它是否具有单一意义性，希望渺茫。"解读"空间图式这项作业，是处于内涵意义领域中的，它以极不明确的意义性为对象。这个问题主要会发生在情景图式中，而实际上，即使对于展开构想的当事人而言，如果被问到了外延意义，也只能用一种歪曲的形式来表达。人们试图呈现这种意义的理想存在状态，关于对空间图式所在之处的主张，也许与这个目标有着异曲同工之妙。

身体图式得以传达、解读的状况，在记号论所提出的"言语行为理论"领域中也有着明确的展现。我们几乎无法确认他人构想出的情景图式，但是可以通过他人的行动，推测出大致的图式内容。这种情况下，意义的解读与意义的"共享"是接近的。其实一般来讲，所谓理解一个意义，也许就意味着共享这个意义。如果我们将意义的解读和共享之间的这种关系，直接套用到空间图式中，那么可以认为，当我们构想出的图式，与他人构想出的图式相类似时，意义就已经实现了传达。

在日常性体验中，描绘出共享的空间图式是困难的，但我们可以在各种团体性活动中将它寻找出来。住宅形式、城市、聚落形态，就是空间图式共享性的展现。祭祀、仪式中的一系列场景，或者说它们的路径，将会被纳入同样的理解思路中。寒暄、礼仪、礼法中，亦体现出了被团体所共享的图式的所在。亲属关系在一定的形态中得以保持，在这样的社会中，我们可以理解为，某种逻辑图式是处于共享状态的。一个有一定组织框架的社会、共同体，它的基础的构建，是建立在空间图式的共享性之上的。可以说，空间图式共享性的研究，是共同主观研究中的一个重要的要素。

共同幻想是作为语言化的图式供人们共享的，所谓语言化的图式，即，民间故事、传说等；同时也会作为某种情景图式供人们共享。这种情况下，情景图式就是随后可能会出现的场景的构想。作为共同幻想的空间图式，不仅会促进社会的团结，它同时还会是推动场景实现的原动力，计划属于一种团体性事件，离开共同幻想，它也不可能实现。共同幻想，是具备可能性的世界的构想的共享，空间图式，便将这种原本就存在可能潜质的特性表现得淋漓尽致。作为共同幻想的空间图式，是通往可能世界的大门。

经常得以实现的场景的构想，它促进着人与人之间对空间图式的共享，其程度超过今后将实现的场景对空间图式共享的促进。科学的空间图式构想自然所重复的场景的意义，它对于我们来说，是较为容易共享的。机械性的自然支撑着空间图式的共享性，自然科学的诸法则是最容易共享的空间图式。诸法则的图式，必须对其描绘方法的安定性投入一定的关注，最重要的是，可能态的特性，会在必然性、恒常性的作用下明显被单纯化。一旦必然性、恒常性遭到动摇，可能态的特性趋向复杂，那么即便是"关于自然现象的空间图式"，其共享也会变得极为困难。

如果情景图式是作为场景的空间图式，那么构想出来的将会是局部性的空间。作为情景图式所展现的可能的集合的空间，变形，明确了它的所在之处；

路径，是在习惯等因素作用下聚集起的情景图式的集合，这种特性本身，证实着各种路径的构筑可能性，即证实着路径的空间的存在可能性。如果将来，情景图式的几何学建立起了体系，连续生成的一系列的空间图式与特定构造的空间建立起了对应关系，那么具体的情景图式，也许就会被看作是该特定空间的局部性探讨。与此相对，作为构造图式的空间概念、作为逻辑图式的几何学等，它们将具备的，会是一种全面为空间搭建构造，跨假定的领域全境，对所到之处全面展开检点的态势。如果称这种主张为所到之处全面赋予意义的空间图式为"整体图式"，那么依物理学法则描绘出的图式等，就是整体图式。不管什么样的整体图式的意义，似乎最终都要经由这个图式的意义才能得以阐明。在这样的基础上构想出来的整体图示，就是我们称之为世界观的空间图式。通过自相似性定义终极意义的"全中全原理"、"伊斯兰教义学的原子论式空间观"、欧洲近代初期"机械论自然观"等空间概念，都是较为贴切的案例。"非而非"试图在全否定的逻辑形式中探寻出终极性意义，它就是一个极为显著的世界观。只要这些世界观仍是空间的构想，那么它们在处于理念性层次的同时，又会作为单纯的构造图式，具备引发共享的力量。上述原理、世界像各有各的单纯化结论。"全中全原理"认为"一切中有一切"；"伊斯兰教义学的原子论式空间观"认为"世界的一切都由偶然支配"；"机械论自然观"认为"世界的一切都由因果关系支配"。这些分别持偶然性和必然性两种相反态度空间构想，却同时留在了历史长河中，且都是极为有力的空间图式，从这个事实中，我们亦可以得知，空间，是有意设计而成的。

如果说，关于人类的理想存在状态，作为意识形态、理念的社会形态，它与某些部分和整体的关联有所挂钩，那么它就具备着某一个侧面，这个侧面是作为空间的构想而被描绘出来的。即是说，显著的社会形态论，就是关于人类集合的空间概念，会被抽象化为单纯的图式。例如，如果用拓扑空间来解释这种图式，那么法西斯空间可以用密着空间，无政府主义可以用离散空间的拓扑来得到解释。这些空间就是法西斯主义、无政府主义的构造图式，我们可以在各种状况性局面背后看到它们。一般认为，意识形态、思想是多样化图式的叠加，而被人们广泛共享的，是单纯的构造图式。

我们个人构想出的情景图式很难轻易地传达给他人，因为巧妙地描绘非常困难。艺术通过情景图式的技术性描绘，使潜在于时代、文化中的空间图式表面化。最直接的情景图式的描绘，就是绘画、戏剧、舞蹈、电影等；而建筑、城市规划、文学、音乐等则会在各自所建立的程序的基础上，描绘出情景图式。对于作为艺术作品的情景图式，我们会予以直接共享，与此同时，我们还会共享这些作品所在暗示着的构造图式。从广义上来讲，这个构造图式，就是各种艺术中的形式。

死，是空间构想的停止。但是，通过空间图式得以共享的空间却会残留下来，传递出去。这种空间的持续性，就是作为社会性存在的人类的伦理性基础。空间的记录，具备两种性质定位，一种是作为逻辑图式，一种是作为日常性的情景图式。我们的回忆，与艺术作品相同，都是极为珍贵的空间构想记录。我们的意识与身体不同，它与他人的意识之间没有边界。因为意识的皮肤是不存在的。意识中有多少是自己的，这并不明确，人与人之间是共享意识的。这种情况下的共享构造的一端，将会经由空间图式的共享性得以阐明。

空间图式将会依变形的可能性，而发挥出其潜在力量，例如，我们观察一下情景图式，逆场景不断变化，最终不得不实行由图式化带来的固定、限定、停止。这种规定与推进的企图之间的分裂，就是潜在力的原因，这个事实即被解释为矛盾和否定的功能，就如我们在辩证法、"非而非"逻辑中看到的那般。我们的存在的空间性，是建立在无限变化的场景、逻辑的可能态的基础之上的。空间图式所带来的空间的固定、限定、停止，它们给存在的空间性带来的危机，时常会在潜在力的作用下，避开着被破坏的结局。

此外，关于这种潜在力，神秘主义认为空间图式之外存在着某种不可见的事物；还有一种态度：潜在力是表现于空间图式内部的，也许我们很难对它做出指责，这两种态度，是存在可能性的。在情景图式中，潜在力，位于该图式所遵从的，可能性情景图式的总体预告中，这个预告是一种不明确的意义，而能将这种意义确切记述的方法，目前来看，只能在图式自身之中找到。我们用空间的氛围、气息、存在状态、征兆、预兆等词汇来记述这种潜在力的展现。现在若将潜在力所蕴含的意义记述为"空间的意义"，那么可以说，众多的艺术表现方式，则都在意图展现这种有限的"空间的意义"。特定的建筑、城市、场所的意义，都是一种意义的所在之处，这种意义的所在之处，是在伴随着各种可分析的想象力而展开的解读生成的；同时，特定的建筑、城市、场所的意义，也明确了这些意义的"空间的意义"。这个时候，"空间的意义"将会被解释为一种美。日本美学理念中的"物哀""冰冷""侘""寂"等，已指出应该展现在外的空间意义。这些美学理念，是依存于空间图式的固定之中，展现其发展的否定性的，这个否定性，得到了"非而非"逻辑的否定性的佐证。这个时候，艺术表现就是试图描绘出"潜在力的风景"的空间图式。

我们对怀念的风景，深入人心的场景所抱有的感情，我们对我们自身的存在的空间性所拥有的感慨，时至今日，这两者依然是重合在一起的。神圣的空间，被宣告实际存在的空间等表述方式，指代的是图式中的空间的意义。这种意义，就是生与死的，存在与非存在的，即变形的可能态自身的意义，在此，能指一所指是不能分离的。

一般来讲，情景图式的各个要素，是由物体，以及为其状态赋予特色的状态因子组成的。此处称作状态因子的物体为，光、空气的流动、声音、温度、湿度等现象性要素，我们可以顺应身体感觉，轻松对它们做出把握。情景图式构想出的意义，不仅依存于事物，还会按照这些状态因子的表现而决定其自身的存在。与其说"空间的意义"依存于事物，其实多数情况下，它依存于光的状态、声音的状态的程度会更高。我们以题为"秋季黄昏"的情景图式为例，对于日本人的一般感性而言，微凉的空气、冷寂的光与影、扩散至全幅的色调，在图式中，是占支配性地位的，物体并未行使着根本性的功能。若要对"空间的意义"予以象征性的表述，那么顺应光的状态、音效状态的做法，会让人在感觉上容易理解。因为，如马赫所指出的那般，这里被称作状态因子的，是感觉性要素。

因此，普遍认为，如海德格尔的存在论所言那般，认为手边的存在将作为道具出现的，这种意义关联的基础构建，多少是有一些牵强和不现实的。不管是物体，还是状态因子，它们并不仅是作为道具所展现的"功能"而出现的，还会作为直接性外观本身而呈现在外。在海德格尔的"撤销隔阂"的程序中，"功能"并不是一个不可或缺的要因。他的图式，虽然与功能论意义相关联，又易于理解，但存在着对意义关联的领域过度限定的问题。我们以红色的山脉与蓝色的天空组成的图式为例，若将山脉和天空的功能抽象出来，那么"红色"的拓展延伸与"蓝色"的拓展延伸，其实已经指明了各种不确定意义关联的所在。这种情况下，所谓"红色"与"蓝色"的状态，与交通信号中所指代的颜色完全是两回事，并不是道具本身，而是道具的外观。功能，会对某种必然性意义关联进行社会性确立，与此相对，外观的对比同时存在，却只会暗示出一种较为模糊的意义关联，就如抽象画一般。

如果我们要对物体或者说状态因子的现象的功能和外观做一总体把握和认知，那么"形态"将是一个较为贴切的概念。情景图式中的要素的意义，是由物体、状态因子的表象，也就是形态，构想而成的。形态的基本性质，就在"即将要……如何如何"这样一种变形的可能态之中。明亮，也许在下一个瞬间就将变得黑暗，而它正是在这种变化的状态中衍生出其意义所在的；凌乱的云朵，也许在下一个瞬间就将幻化成狮子的形状，而它亦是在这种可能性中暗示着意义的存在。形态是一种可能态，换言之，它就像是一匹脱缰的野马般的事物的理想存在状态，而要想征服这匹野马，就必须让情景图式褪色，并使之转化成构造图式。原本，情景图式中的要素，集合（即要素中的同时存在）等概念就是"褪色过程"的产物。

人们会在某种程度上，随性地将褪色的情景图式，也就是情景图式的要素的组合，部分集合看作要素，并通过经验对征兆、预兆进行限定。如，"将要下雨了"这类构想，就是其中一例。这种使意义趋于限定·安定的操作，就是各科学的主要目标，也是形态的必然化。与此相对，如异化·置换一般，由不同性质的要素组合带来的意义的非限定·不安定化操作，则是艺术的一个目标，它试图暗示出形态的无停息扩散这种发展状态。

解析形态是一项复杂的工作，其原因不仅在于形态受规定于要素和集合，还在于另外一个起因，我们必须要去考究要素和部分集合的位置关系，即排列。即便是相同要素组成的图式，若内部排列不同，其意义也是相异的。有相应排列的物体的集合，叫作构图。然而，构图的学问相当晦涩。关于物体的集合，当我们试图实现其意义的定式化时，其实位置的自由化已经开始启动，在一般的情景图式中，位置的相对化亦已经在进行中。对于这个自由化、相对化的过程，如果我们在空间图式的基础上，将它们与褪色的概念摆在一起，并给予其一个比喻性的解释，那么我们便可以将它们表述为"浮游过程"或"浮游操作"，也可以说，切断将物体维系在位置上的锚锁的操作。当苛求直接位置关系时，空间图式就会加强其作为"场"的特性。关于物体，针对适当的部分集合，当试图实现位置关系自由化的时候，其范围将会被认知为一个"领域"。领域的设置，就是区别内和外的其中一个浮游操作，这种情况下，空间图式就具备了作为"容器"的特性。当我们在构想空间的意义时，空间图式作为容器性、场的特性，就是经验性构图法的基础。不少构造图示化的展开，就是基于这种解释方式得以实现的。当我们依照容器性来构想空间时，领域的"边界"性质是一个要考虑的问题，但是要素的位置关系将会趋于单纯化，随之而来的，就是图式的单纯化。

存在一个函数，它会给予与位置相对应的量，而场的特色，也是它赋予的。

最普遍的，就是各种势函数，我们通过它，描绘出赋予位置以高度的势力图。所以我们会看到这种势力图被地形图所代表，人们从地形论角度对形态做出解释的情景。中心和边缘构图，就是在地形论基础上解释出来的构造图式的其中一种。抛开函数的记述无法实现的问题，对于情景图式，我们将势力图予以叠加，并构想着空间。由此，关于情景图式哪个部分变形可能性较高这个问题对其"强度"进行了测量。地形论解释会为我们呈现出许多概念，代表性的有山、山谷，还有平坦和山崖、龟裂和裸露的断层等，它试图通过这些概念，将位置变形可能性的强度分布，特别是特异的地点确定下来。人们对于预兆、征兆的预感，在很大程度上都是依赖于这种作为场的解释的，因为在场中，形态是作为一种"倾向"而被把握和认知的。

场所这个概念，展现并构想着一种领域，这种领域拥有被赋予特色的形态。但是，领域的边界并不一定是确定的，有时还会存在指代模糊周边的情况，如附近。这种情况下，图式就会被解释为场，不安定且权宜性的边界便会依照势力范围图得以绘制而出，并被转化为一种容器性的解释。很多时候，场所会依托于情景图式，以局部性或作为地点描绘而出。

从分析来看，状态因子的形态，是经由作为场的构造图式而得以把握的。从分析性角度来讲，诸多状态因子都是在各自独立的函数中展开变化的，例如在明亮和噪声的程度之间，一般来讲是不存在相关性的。然而在情景图式中，各个状态因子却是互相关联的，在此关联之下，场景便具备了其自身的意义。例如，对于"雪天"这个情景图式，我们可以同时感知到光的状态和音效状态。不仅如此，状态因子的形态是决定着物体的形态的，因此，在解读情景图式的时候，我们对物体和状态因子所做出的辨别，基本是无效的。这里需要注意的是状态因子的象征性。例如，日本中世美学中的"冰冷"理念，即象征着"空间的意义"。这种情况下的温度性比喻，即是相应情景图式的形态的象征性记述，这种情景图式中，包含着物体的理想存在状态。这种意义指示，意图借助着光和暗、空气的透明性、风的状态、环境的音效状态等记述，而得以日常性地展开。状态因子是直接性的感觉要素，我们基于身体的构造和经验的类似性，谋求着一种线索，以共享无法用语言记述的"空间的意义"。

空间图式不可能转换语言，且我们不得不说它不可能，同时，如果现实可以将意义完美地传递出去，那我们不得不认为图式自身之中，也有固有的意义体系。从今天的一般性理解来看，"记号"的概念就是说明图式意义的线索，道具装置。但是，关于记号的学说，目前来看，它只是一个构想，记号学的完备若要达到语言学的水准，需要相当长的时间。洛克曾预言，关于记号的研究，将成为未来的中心课题，然而预言之后，已经过去快 300 年了。

只要空间图式还依然是意义的构想，其"解读"就要一直跟随。解读作业就是将意义推向共享的作业，但是，空间图式的一般性记号学，其困难之处，就在于共享的程度并没有得到日常性的确认。语言是一种特殊性的记号，它确认着意义的共享性。空间图式，当它是由语言构想而成构造图式、逻辑图式时，特别是像几何学一样，因为一直注意着将语言意义的压制到最小限度，所以存在着解读可能性的。如此，如果使用会被表现出来的形态，较为随意的用语，那么构想和解读就是与描绘出的"图法""作图法"相关或相对的记号学研究。语言也是作为一种图法的道具装置。空间图式所带来的意义构想，它有很多地方都是依存于图法本身的。当某个图法被巧妙地展现出来时，空间图式的意义将会被相对性地，大幅地限制住。地图的历史就是一个很好的案例，文艺复兴时期的透视图法，以及之后的坐标的概念，都明确了图式的意义。从这个意义上来讲，"场""容器"等空间概念，即可看作是图法或作图的方针。

若想把情景图式的意义推向客观化，就必须理清图式的具体描绘和依据此图式展开的行动之间的关联。致力于解决这个难题的领域，就是环境心理学。然而在这种情况下，在图式的描绘阶段，图法是一个问题。

图法会限定空间图式的意义内容。不管什么样的图法，它都会通过某种形式将场景简略化。我们不得不放弃能使人历历在目的体验记述。原本，图式本身的意义体系，就只能在褪色的状态中订立。我们可以认为，图法，就是将场景、图式映射至逻辑图式的方法。纯粹的情景图式，就是将场景直接反映，即恒等映射。每一个图法中，都有其固有的映射方法，第一，依映射的方法而引发的意义的制约；第二，逻辑性空间，即逻辑图式上的意义内容可能将会被摆上问题的台面。因此，假设我们真要将情景图式映射至语言学模型，那么，便会有双重的意义衍生而出，即映射的方法，也就是特定的单纯化操作所拥有的意义，与语言学模型上的意义。

　　空间概念，也可以看作是一种空间图式，这种空间图式，是伴随着图法的提出、图法的所在之处的启发而成立的。辩证法也罢，"非而非"的逻辑也罢，它们都是最基本的构造图式，均从语言的角度展现了与否定相关的特定图法。向心型空间展现的是所有依据离中心的距离，位置的量逐渐减少的场的图法；均质空间，它展现的图法，或者说图法基础的性质如下：对于任意选择的两个领域（除延长以外），不管从什么观点来比较，都是相同的。例如，从阿那克萨戈拉到莱布尼茨，他们提出的认为"一切中有一切"的"全中全原理"，暗示出了依据自相似性描绘出的图式整体的图法之所在；伊斯兰教义学的原子论空间形态，亦借助"空间的要素"暗示出了整个非连续性的图法的所在等。

　　空间概念，即如建筑中的风格一般，试图在图式或在图法中，对所展现出来的空间的意义予以说明。空间的意义在此也是一种可能态，它可能会在解释者的解释之下不断发展。对之后可能会被诱导出的一系列空间图式，空间概念将会赋予它们起点和方向性的潜在力。因此，对于拥有这种发展历史过程的空间图式，直到后来我们才真正注意到它的潜力的证明。空间概念，是意义的场中的支配性中心，它影响着各种空间图式，例如，我们可以在建筑、绘画中同时观察到多个空间概念的影响。如此看来，当我们试图认清空间的意义的构造时，便会发现，空间图式的整体也在构建着某种空间，构建着"空间的空间"。

若要确认空间图式所处的空间的构造，有两种方法，一种是分类学式的处理方式，即弄清要把什么样的空间放置到什么样的关联中这个问题，换言之，就是将空间的空间放置到相应的容器性层次上进行确认分析；第二种，将它理解为场，并对支配性中心的描绘以及其影响力的形态做出展望。相比而言，第二种方法比较容易操作。也许可以认为，这种作为场的解释，它构建形成着作为"整体图式"的空间史。从如今的图法倾向来看，这种作为场的空间的空间，将会经由多次元空间得以描绘而出，我们不妨设想一个以三维地形论曲面形式出现的模型（例如将时空看作两条轴线的一个平面，在这个平面上的三维），那么具备高强度拓展潜在力的空间概念的图式，也许会占据这个曲面的多个顶点。而且，也许将会有各具特性的文化现象，坐镇于这个地形模型的山谷、山崖、鞍部等特异点上。

时至今日，这种空间的空间，已然化作各种空间图式的记忆，积淀为传统，物象化为人们的风俗习惯、艺术或城市、聚落、建筑，以场景的形式呈现在我们眼前。情景图式将空间的空间看作一个整体图式，以这种情景图式的形态出现在我们面前，虽然模糊不清。但若可以构想的话，那么我想称这个情景图式为"世界风景"。曾经，人们以地图的形式描绘出的，也是这种世界风景。可以认为，时至今日，人类依然在这个世界风景之中，通过这种空间的空间，一边推测着它的潜在力的倾向，一边生存着。若以这种理解为基础，那我们便如现象学所阐明的那般，是一种空间性的存在，随历史的流逝而被赋予各种各样的意义，在构想出的空间的混合系之中，呈现一种空间性存在的状态，换言之，场景，是作为一种带有胚胎学意义的形态展现着自身，我们是一种空间的空间性存在。这种存在方式建立的基础是我们存在于空间这样一种同一性；它会赋予我们某种余地，以使我们在相异的构想之下，可同时确立自身的存在。即，当我们在提出"呈现一种空间性存在的状态"时，也必须要同时确立两个事实，即"所有的人类都相同"，以及"所有的人类各自相异"。空间的意义已超越了语言的表述，它以各种形态展现在人们面前，而空间图式相关考察的发展阐明了这样的状态，不仅如此，也许它同时还诱导着一种逻辑的发生，这种逻辑，可以对个体的我与社会性存在的我之间产生的分裂予以融合。

注释

[1] 黎曼及其他《黎曼几何学及其应用》，矢野健太郎译，共立出版，1971 年，2 页。

[2] 参考庞加莱《科学与假设》，河野伊三郎译，岩波书店，1938 年，第四章"空间与几何学"，第五章"经验与几何学"。之后的庞加莱相关引用亦出自于此。

[3] 参考马赫《感觉的分析》，须藤吾之助、广松涉译，法政大学出版局，1971 年，以及《时间与空间》野家启一译，法政大学出版局，1977 年。借用了已在两书中使用的译语。

[4] Husserl,E.,*Ideen zu einer reinen Phänomenologie und phänomenologischen Philosophie*,Zweites Buch,Husserliana Bd.IV,Martinus Nijhoff,1952,368—369 页。

[5] 胡塞尔《纯粹现象学和现象学哲学的观念》第一卷，渡边二郎译，水篶书房，1979 年，183 页；

[6] 参考海德格尔《存在与时间》，桑木务译，岩波书店，1960 年。引用了本书中的译语。在关于海德格尔的引用性说明中，亦参考了该译本。

[7] 梅洛·庞蒂《知觉现象学 I》，竹内芳郎、小木贞孝译，水篶书房，1967 年，162 页。

[8]《知觉的现象学 II》，竹内芳郎·木田元译，水篶书房，1974 年，365 页。

从功能到形态

（1986 年）

　　这篇小论专为本书最新撰写，但从内容上来看，算是对之前写过的几篇文章的汇总。1984 年一整年时间，在《现代诗手帖》（思潮社）上连载的"撤退和反击的戏剧性游戏推进"这篇文章，即是本篇小论所依托的基础之一。这篇文章以在格拉茨建筑展展出的方案、具体设计为轴心，主要对多层构造进行了论述。格拉茨模型展现了多层构造的形态，我们这篇小论的主旨是建筑的"功能"，与之相对的是现代建筑的"形态"，两者之间的关系形态，实际观察一下格拉茨模型的制作过程，即可一目了然。进一步剖析，我们会发现，两者之间的这种关系形态，对应的就是，近代建筑中对"物质性躯体"的关注，以及现代建筑中对"意识"的关注，这两者的关系形态。这个关系形态是一个基础，我曾在《新建筑》（新建筑社）1984 年 3 月号中的"2001 年的形态注解"一文中有所提及；亦曾以相同文脉思路在《住宅建筑》（建筑思潮研究所）1984 年 8 月号"多层构造的住宅"、《建筑文化》（彰国社）1984 年 12 月号"随后，如意识一般"等文章中有所撰写。

　　我就格拉茨模型附文一篇"形态的建筑"（《2001 年的形态》新建筑社，1985 年），在这篇文章中，我首次使用了"形态"这个概念，这个时候，我正在撰写关于明尼阿波利斯模型的文章"意识的形态论空间"。明尼阿波利斯模型是继格拉茨模型之后出现的新多层构造方案。"将边界模糊化"是多层构造的表现意图，在这个阶段，在建筑物的设计上，这个课题（"'非而非'与日本的空间传统"的主旨），一个形态的形成这个事实，正在逐渐清晰。

　　在这篇小论中，关于近代建筑的功能这个概念的考察，我通过对形态这个概念展开引导的形式，对其予以了汇总构建。对我而言，在实际构建这种对比关系形态的过程中，建筑模型的试验制作，即多层构造模型的试验制作着实发挥了极其重要的作用，毕竟建筑模型决定着事物的理想存在状态。多层构造模型的装置，就是将图像复杂地叠加在一起的装置。即，首先，在各层次上存在着有意识地画出的图像（部分），然后我们随意地将它们叠加在一起，即生成某种不可测的整体图像（整体），多层构造模型的装置，就可以说是对这两者予以操作的装置。这种认知所站立的基础是杜尚的"大玻璃"。如果要说的话，其实这个装置就是将多个"大玻璃"叠加在一起的装置。在试验制作这种装置的过程中，或者说在将它应用于建筑层次的过程中，我渐渐明白，多层构造就位于杜尚所追求的意识窥探的延长线上。多层构造的装置引发的图像的显著特征，就在于将描画出的部分图像要素的边界模糊化这一点上。隐喻性的，模糊的尺度将会被还原为之后将讲述到的一种感觉。直观来讲，这种隐喻性的，模糊的尺度正暗示了形态论的未来发展前景的可能性。而我们的着眼点，也许正是这种模糊尺度的社会性共享。

　　海德格尔将存在于手边的事物看作"道具"，指出我们是一种空间性的存在，现在看来，这个观点的提出，对于近代建筑的理论构建，可以说是一个具有跨时代意义的点拨[1]。因为近代的建筑师们，正是在海德格尔的空间认知基础上去设计建筑，并予以实现的。原因不仅如此，还因为建筑师们无法将自己的设计行为中所蕴含的意义像海德格尔那般巧妙的解释出来。建筑师们实际致力于事物的研究，试图通过事物解读这个世界，所以这件事情对于他们而言，丝毫不是什么不光彩的事情。其实海德格尔对新建筑、艺术活动并不是那么精通，然而他却将近代建筑的理论推向了明晰化，这个事例让我们深切地感受到了文化所拥有的时代性，也让我们重新认识到了各种活动共享问题意识这一点。

众多艺术家、建筑师，以及随后出现的评论家都曾经表示：20 世纪前半期，是机器的时代[2]。海德格尔的"道具"就是象征机器时代的概念装置。可以说，当各种事物都以"道具"的形式出现时，那么各种事物之间会产生相互关联性。事物在这种功能之中，各自有各自的出场局面，彼此之间互相赋予对方意义，即构建稳定的关系。什么是功能，这种关系就是功能，在着眼于这一点的基础上再去构造建筑就是近代建筑的目标。机器就是将事物相互之间的关系可视化的一种思路方案。物理学已经向我们展现了一个存在因果关系的世界，但是无疑，正是各种机器的出现才使得人们对必然性关系的认知更加鲜明。

换言之，20 世纪前半期就是关系的时代。在海德格尔之前，不管是马赫还是卡西尔，他们都主张"关系"才是认知世界的唯一线索。我们先看马赫，关于接下来我们要讲到的一些事项，我们要对它进行复杂的介入，所以必须认真谨慎对待，马赫确信关系，即函数性依存关系才是应该最终追求的唯一现象；包括卡西尔，他也确信函数中的关系把握，比之前遇到的任何对世界的本质性把握都具有优越性。也正是这种确信，支撑着这个建立在关系基础上的世界，支撑着这个功能论世界。

距今不到 100 年前，莱布尼茨提出"宇宙机器"这一说法。他心目中的神明就是一个建筑者，他还指出了自然的机器和人类技术制造的机器的不同。"人类制造的机器，并不代表着它的每一个部分都是机器"，与此相对，"而自然的机器，即生物的身体，哪怕将它最小的部分无限分割，它仍然是机器[3]"。所以我们可以从莱布尼茨的主张中，总结出他的立场：承认机器这个概念的绝对性，同时也承认技术制造下的实际机器的不完全性，所以需要构筑实体的概念。对于19 世纪到 20 世纪初的功能论而言，所谓机器的完全性，指代的并不是各部分之间相互组合上的完全性，而是关系观念的完全性。当然，将关系性看作第一要义，这种认知的背后确实存在着合理主义的立场，不过如果从这个角度来讲，那坏掉的机器又该如何安置？但是，当海德格尔身边围绕着一堆坏掉的道具时，这些坏掉的道具的片断，在他眼里依然是"道具"。为什么？因为对于新的功能论者而言，关系的系统并不是一个自相似式的封闭系统。事物每次在"对环境进行环视"之后，都会重新以道具的形式出现。就莱布尼茨而言，关系是事先确定好的；然而，就功能论而言，关系每次都是要经过重组的。如此一来，再讲到卡西尔，他则认为关系概念可以取代实体概念。

在海德格尔的道具中，存在着制作的人，至少是参与活动的人的形象。如果现象学是基于实践经历的体系学，想必也并无差池。现象学的特性就在于它以我们的意识为出发点，虽说它是基于实践经历的体系学，但它同时也是一门关于意识的作用的学问。因此，关于实践经历的中心课题，就是对人类的意识和外界进行一体化认知，这其中的门道在海德格尔的"世界·内·存在"这个形式的概念中也有着清晰的体现。胡塞尔提出的"身体"，亦是服务于"统一把握意识和外界"这一作业的概念装置[4]。接下来我们尝试对关系乃至功能做一重新认知，将它们看作是统一把握意识和外界的一种具体线索，那么只要我们得到了这样的线索，那么接下来在构成外界的方法中还缺少什么？只剩为人类经验构建体系的实用主义态度在待命了。在这里，现象学家、功能论者与比如说建筑师的区别，就要开始显现出来了。关系概念会对经验予以概括统一：对于前者而言，主题即是对这一事实的明确化；然而，对后者而言，中心课题则是辨识出妥当的关系概念。这时候我们需要再次提出机器这个概念，便会发现对于现象学家或功能论者而言，机器是呈现几何学形态的；然而，对于建筑师而言，机器则是呈现伦理学状态的。

将这两种对机器的把握之间的沟壑填平的是杜尔凯姆等人的社会有机体论。这时候的有机体和机器的形象，还跟在莱布尼茨的理论中呈现的一样，是重合叠加在一起的状态。在杜尔凯姆看来，社会是一个功能性地编组在一起的集合体，这个事实本身就有它的价值存在，他希望社会是一个顺畅运作的机器。在莱布尼茨的理论中，机器的秩序就是被先验性赋予的神的秩序；然而，杜尔凯姆的功能论秩序则是社会自行创造出来秩序。

人们将这样的争论予以整理归纳，在这期间，顺畅运作的机器不断出现。同时，将人类和外界纳入一体化的相关解释也在逐渐趋于完备，在这样的时代背景下，建筑师们表明了"机器是美丽的"这样的态度，同时，他们也开始尝试通过实际打造环境，来对某一个问题予以定义，即：能成为人类的普遍经验的场的环境，它的机器究竟是什么样的一种形态。近代建筑所施行的整套程序，就是一种以关系概念为中轴的，将普遍经验在物质上体系化的尝试，也是在相同意义上，试图对机器进行定义的一种尝试。这时候，关系即可在人类身体的行动的相互关联性中得以窥见。在现象学看来，经验是一种可以推及应用至全人类的普遍学问，功能论者也将关系概念看作是一种具备普遍的学问，同样，我认为身体行动的相互关联性也具备关联性。

原本，如此这般构想出来的经验的普遍关系性，是要在意识与外界的接触点上经历研讨的，甚至需要回溯到现象学给出的解释，它的妥当性的研讨上。但是，时代已深陷普遍性的魅惑之中，人们无暇顾及研讨，关注点已远离意识，全部集中在了物质性身体展开的行动的相互关联性上了。这个现象过于直接化、单纯化。令人费解，其中一个原因，就是当时的机器不像今天的电子装置，它完全没有机器的意识这种构想，也可以说，它的相互作用，始终依赖的是力学上的关联性。如果说这个机器看上去是有意识的，或者说它看上去可以反映人的意识，那么体现在它身上的关系概念应该不会是经过单纯化的，或者说，位于意识之外的身体的行动的相互关联性，与机器的关系性，看上去应该也不会是相似的。还有一个原因，它与人类的意识不同，人类的物质性身体彼此之间太相似了。只要依赖物质性身体的类似性，那么我们完全可以预测，对于任何一个人，我们都可以从他身上抽象出一定的关系。勒·柯布西耶的《模度》有一个举单手的人像剪影图，这个人像剪影图，就是上述预测的一个象征。

当这种机器结构组合中的稳定关系遭遇被切断的状况，或出现交错或偏移时，它会变成什么样呢？功能论的背后，其实还存在着一些其他的相关考察，比如关于不顺畅运作的机器，关于坏掉的机器等。俄罗斯形式主义、超现实主义，则分担了这种理论性考察任务。对于关系概念相关的思想，我们可以将它认知为两种立场的组合，所谓两种立场，一种是紧密的，若进一步加固，甚至可以看作是一种必然性关系的诱导；另一种立场是这种关系的意识性切断。

在功能论确立完备之前，洛特雷阿蒙预言性地提出"缝纫机、蝙蝠伞邂逅于手术台"这幅图式；以现在的观念来看，它是一幅可解释为停止运作的机器，或坏掉的机器的图式。这幅图式，它的出现似乎就是为了动摇海德格尔的"道具"概念。如果道具在发挥职能的时候，被赋予了相应的关系，并有相应配置，那么这个秩序就会发挥出稳固日常状态的作用。这种关系是稳定的，它同时也支撑着趋于合理主义性的日常状态，在这样的关系中，艺术就不可能会有新的体验（这也是它原本的目的），也不会拥有从恒常的现实中觉醒的体验。艺术成立的基础，就在对日常道具的关联性施加的切断和挪动之中。俄罗斯形式主义和超现实主义在关系时代的鼎盛期，以否定关系论的形式，提出了上述"非日常化"的主张。

那么，关系一旦被切断，到底会出现什么后果。无疑，我们的意识肯定会产生相应的变化。超现实主义者称，这种变化就是惊愕[5]。通俗点来讲，俄罗斯形式主义者、超现实主义者所意指的，是"隐喻"[6]，就如之后克劳德·李维·史陀所提及的那般。经验起始的原点是意识，但功能论者，至少近代的建筑师们，却在意识之外构筑关系的基础，忘掉了意识原本的职能；与此相对，非功能论者则主张回归意识。当然，不管是俄罗斯形式主义者，还是超现实主义者，他们都并没有结合机器，或者说依据关系概念，对艺术的成因做解释。他们主要探讨的是过去的艺术作品。他们真正想去证明的观点是这些艺术作品采用了将日常异化的手法，所以才能成为艺术。关系论支配了整个 20 世纪前半期，时至今日，关于与它的相关性问题，我们可以去看一下他们的实际操作。

安德烈·布勒东凭借一种不同于现象学的其他形态，与对意识发出拷问的弗洛伊德理论产生了共鸣，他认为隐喻成立的根源，在于对心理深层形象的唤醒。他的"自动记述"，试图通过长期的对人类意识形象的呼唤，以及对梦境的记述，唤醒始终无法自我觉醒的形象的展现[7]。在这种搜寻中，会有某些形象的片断的集合出现，这些形象的片断至少在日常生活中是孤立的。布勒东通过"自动记述"，将处在深层意识表面化状态下的人类比作机械，我们也可以将此解释为他构想出了新型机械。马克斯·恩斯特将拼贴画的理论推广普及化，即，将关系被切断的事物重新组合的理论。在马克斯·恩斯特看来，洛特雷阿蒙的图式意味着被剥夺国籍，被流放的事物之间的邂逅。这样的绘画将会成为不运作的机器，为此，它要成为让观看的人在意识中形成某种形象的机器，并发挥相应功能。这种关系的切断，将会在马塞尔·杜尚的作品，特别是在物体的作用影响下，成为一种突发事件性的普遍方法。我们可以认为，20 世纪的绘画，今后将会具备较多的非日常化，异化的侧面。

这种关系的偏移、切断的相关理论后续趋于完备，相应地，介入意识领域的表现方式开始出现在多个艺术领域。特别是在绘画领域，人们终于看到了对意识的描绘，隐喻性作品层出不穷。很多抽象绘画，会在意识中植入新型的形象，或者唤醒新的形象；与此相对，优秀的隐喻型画家们，如达利、基里科、埃舍尔、马格利特等，则绘制出了非现实性的，不可思议的画作作品，展现了意识现象的相关解释的诸多可能性。

例如，对于达利的画，我们只要看画中所描绘的对象，就立刻能看出这是他的作品，但其实，他所描绘的对象正是安德烈·布勒东的"自动记述"所诱导出的，如梦想、幻想所衍生出来的物体一般的对象。达利的画是窥探被隐藏的意识现象的孔（之后，杜尚构建起了相关装置），是将深层意识推向表面化的一种操作。他的作品，每一幅都带有着隐喻的意味。所谓隐喻，包含两层意义，第一层，它是一种借代比喻；第二层，它是这种比喻借代所生成的形象，情景图式。达利的一系列作品，就是一系列的情景图式。日常生活中错综复杂的关系张结成网，意识从这片网的束缚中逃离，落入浮游状态，达利的画所展现的就是这种浮游状态。意识终于独立，于是它开始不断地自行增殖各种各样的情景构图，逐渐开始具备自我增殖或者说自我诱导的功能。这一点，我们同样可以在达利的画中所有体会。以上对达利的画作进行了意义赋予和解读，通过这个过程，也许我们可以将隐喻，或者说隐喻的力量解释为"意识的自我诱导现象的契机（原动力）"。

例如，基里科描绘出了形而上学式的，或者说存在论式的情景图式，这种图式会让人联想到不存在的空间，我在那里同时我又不在那里的某个场所。基里科的画，是一种仿佛存在（现实），又仿佛不存在的（非现实）的情景图式，这种双义性的特性，会将意识涂抹为一片空白。观看基里科的画，赏画者的脑中会被诱导进一种意识状态，这种意识状态与胡塞尔的"现象学式判断中止（Epoché）"很接近，与此同时，这种状态又会体现在画面当中。即，现象学式中止，并不是一种隐藏形象，将意识清空的操作，而是在已特殊化的状态中，我的意识观察我的意识，寻找行踪的操作。在这个过程中，我会取出一面镜子，这面镜子就是"意识之镜"。基里科描绘出的不存在的风景，就是这种意识之镜。

再举一例。埃舍尔与刚才两位画家不同。他在创作情景图式作品的同时还会创作一些构造图式作品，甚至有时还会推出一些经过装饰的逻辑图式绘画作品。他的画作时常将我们引到视觉的迷宫中，当我们的意识在恒常的轨道上流淌时，它的画作会引发一些小漩涡、小逆流、小停顿。我们正常的意识会如河流一般，沿线型路线推移前行。然而赏析埃舍尔画作的观察者，他们的意识则是沿着非线型方向流动。绘画的不可思议之处就在于，当观赏者面对它的时候，自己的意识动向会突然变得极为费解。假设我们可以在众多的意识的场的地点上，分别设置一个风向标，那么这些风向标的状态一定是这样的：各指各的方向，且并不稳定，一点一点地转动着。因此，埃舍尔描绘出了一种装置，以诱发某种意识现象，这种意识现象既不会引发分裂症般的破绽，还能保证不明确的秩序。

最后一例。马格利特也如埃舍尔一般，绘制出了偏构造图式性的情景图式画作。他试图对童话中发生的诸多不可思议的事件予以揭穿，向我们展现了各种各样的机关设计。白天和夜晚的同时存在、画中画、人和雨水的对调等。他用画作暗示着一个事实：其实有很多趣味的构想都可以推倒在画布中，同时也暗示着意识的自由组合性。即，心随马格利特的作品而行，我们会获得一种暗示，它告诉我们，在意识的场中，会有不同性质的情景图式的同时存在、情景图式中的情景图式的生成、不同性质的排列之间的要素置换（忽略句法的要素置换）等现象发生。事实上，我们在日常生活中是持有错误认知，并体验着错觉的。我们可以做出如下判断：马格利特的绘画，就是这种意识的组合方式的列表。

如此，将关注点放置于日常生活中的各种关系的切断，即非日常化、异化之上的艺术家们，他们会去创作一些以意识现象为对象的作品，这些意识现象，即生成隐喻的意识现象。同时，我们还会发现，他们的某些作品中似乎隐藏着对意识现象的分析性把握。换言之，以非日常化为主旨的艺术家们，对现象学所追求的经验几何学，予以重新解构，将它认知为一种纯粹意识的几何学。也许他们给出的解读要比现象学家们的研究更加彻底。这个结果，是功能论者无论如何都无法想象的。我们反观近代建筑师们的作品，其中暗示了意识的几何学的案例，除了法西斯建筑，就再没那么容易能找到第二例了。

我们将围绕这两个关系展开的理论和表现方式，用辩证的方式总括起来。通过这种形式，均质空间得以实现的局面即可在假想层次上具备一定的可能性。但是，在以关系切断理论为契机的建筑出现之前，均质空间就已经在社会经济的推动下得以实现，占据支配地位。这个建筑层次的现象，为近代建筑画下了休止符，同时，也为以非功能论为依据的建筑的爆发式涌现打开了大门。这个现象叫作后现代主义。

后现代主义建筑兼备两个侧面。它依存于 20 世纪前半期的关系切断理论，以及随此理论而来的向意识领域的介入，这是后现代主义建筑的第一个侧面；第二个侧面是物体的质上的一个新侧面。这个物体是位于第一个侧面延长线上的。我们正处在这股新潮流的鼎盛期，依目前的情况来看，很难说我们对这两个侧面已有了较为明确的认知。但是，新的方向正在逐渐清晰。接下来，我们首先确认一下以下几个简单的事项，并以此为起点和契机，确立今天，或者说面向未来的建筑理论的前行方向。

均质空间因为放弃了关系的设置，所以具备了支配性。也可以说，伴随均质空间的出现，功能论也退出了历史舞台。均质空间一直都在等待着一切要素的到来，它将把极为繁多的要素迎入城市空间中。这个事实引发了关系被切断的各个要素同时存在的现象。这个现象使关系切断事实下引发的非日常化理论，陷入了较为艰难的处境。我们再来回顾一下洛特雷阿蒙的基本图式。"缝纫机、蝙蝠伞邂逅于手术台"的情景图式可以说已经脱离了非日常的范畴，完全可看作是发生在均质空间内部的日常情景。回头去看，我们便会发现，超现实主义的"置换"就是一种剥夺"国籍"的操作。现在看来，出现在洛特雷阿蒙基本构图中的手术台、缝纫机和蝙蝠伞，从一开始就是失去"国籍"的事物，它们之间的邂逅并不具备非日常性。事物只有在功能类缘性的作用下，被列入相应的范畴中（即拥有"国籍"），才能真正使剥夺成为可能。普遍认为，均质空间的出现导致这种分类无法再进行下去了。即，事物的个体性、分离可能性已经失去了决定性的意义。那么实际在洛特雷阿蒙的构图中，会发生什么事情呢？如果单独将手术台拿出来，那么今天，在我们的意识中就会同时出现白大褂。白大褂甚至还会随缝纫机同时出现。当我们将手术台拿出的时候，（执行手术的人所穿的）靴子就会出现，然后长靴又会随蝙蝠伞出现。因此，在今天的城市中，功能性编组已经不复存在，所以，一切事物都具备了类缘性，可以说个体时间的相互关系已经无法切断。也因此，隐喻才无法生成。

均质空间逐渐占据支配地位，伴随这个进程，我们在重新审视整个近代建筑的同时，也逐渐学会了回首古典建筑，回顾原有建筑。人们经历了这样的重新审视，便会对功能论无法认知的建筑的特性有新的认识。进而，会试图以适合当今时代的方式，对曾经错失遗漏的特性，赋予新的发展，做出这种举动的就是后现代主义。

近代建筑根植于关系概念，若从中排除掉以均质空间为理念的近代最后的建筑，那么从现象的层次来讲，近代建筑算不上具有统一性，它的建筑类型是多样化存在的。这些多样化的建筑所拥有的魅力，用功能论无法表述清楚，用基于关系切断的理论也无法阐明。但是，我们已经知晓各类近代建筑相互之间的差异，也了解了功能论影响下的近代建筑的整体倾向，与古典建筑，或者说与原有建筑之间的差异。我们对这种差异的了解是建立在经历的基础上，或者说它是一种经验性的东西，而这种了解又会在我们对对象的重新审视之下逐渐加深，我们无法用语言去阐述它，或者说我们无法把它当作一种逻辑去论述。

近代建筑的目标是对关系的把握，以及关系的合理性实现，但是这两个过程是绝对无法合并到一个意义层次上的。我们依据关系论来考虑一下两者不能合二为一的理由，可以得出两个观点。首先，只要建筑不是逻辑图式或构造图式，就会出现具体的物体，它们将会以情景图式的形式出现。这种情景图式的氛围以及存在状态是带有场面性意义的。简单来讲，同一个机器如果表面材质、色彩发生改变，其材质外观、外观都会随之改变。即，"道具"也有材质外观。关系的物象化并不一定都会归宿于同一种材质外观。甚至可以说，最终全部归宿于同一种材质外观的情况，是极为罕见的。我们通过宇宙飞船的例子也可以明白这个道理。宇宙飞船是将合理性追求到极致的代表，但是就连它的材质外观，都是各不相同的（以均质空间为理念的建筑，就只有表层是相异的）；其次，假设一定的关系是成立的，那么是应该存在一个成立的基础。这个成立的基础就是这个关系已在那里"预先设置好的"坐标面[8]。如果把它称作"场所"，那么就说明关系论对场所并不重视。如果，场所的特性各不相同，那么一定的关系最终也将会呈现出完全相异的状态展现。这个原理，就是我们所熟知的数学上的映射。这种展现，并不只对表层的材质外观，它给事物的尺寸关系、位置关系等都带来了一定的影响，最终衍生出了情景图式上的差异（均质空间会尝试重新定义当下这个场所，第二个差异不会产生）。

如此一来，我们便可知晓功能论、关系论夹于关系的表层和关系的场所两面之间，它在这种形式之下得到强化，这才成为对近代建筑的各种差异做出解释的逻辑。但是，这样的差异，以及产生这种差异的现象，到底有多重要？这个问题并没有得到说明。普遍认为，即使是处在关系论，或者说以关系论为基础的合理主义占支配地位的鼎盛期，建筑师们也非常清楚建筑的魅力，不在于关系的物象化，而在其他地方。但是，要想把建筑师们的思想解释清楚，重新查看古典建筑、原有建筑的过程就必不可少。

古典形态式建筑具备着与近代建筑不同的魅力，但是要把这些魅力全部整理清楚，并不是一件容易的工作，也不是当前的目标。接下来我将以随想的形式，列举一些魅力的片段，以便为展开论述提供参考。第一，通过形态获得意义的建筑的要素，以及这些要素的排列。这并不仅意味着形态也有特性存在，还意味着正因为它归属于特定的文化，所以它才具有固有的意义。即，要素、排列具备着记号性的材质外观。第二，近代建筑所排除的装饰是一个非常重要的因素，它在展现意义的同时，还会赋予建筑表层相应的特性，就如同形态式的要素、排列一样；第三，古典建筑中具备着物质性或者说空间性的趣味性、氛围，这些特性极为显著，它们就是一种范例，或者说是一种范例的代表性指标；同时，这些特性又可以以情景图式的形式出现在体验者面前，在体验者之间相互传达。相应地，也必然存在着生成这种情景图式的装置，组合方式，这些装置和组合方式都可以提炼为一定的手法。

另一方面，关于原有建筑、聚落的特性，基本可以总结出以下几点。第一，建筑、聚落和地域是对应的。建筑、聚落的性质，在"生成场所""与场所融合"等措辞表达中有着一定的体现，从这个意义上来讲，我们可以说，建筑、场所是具备场所性的。正因为具备了这些特性，建筑、聚落的材质外观才能成为指示某个地域的标志；第二，建筑、聚落的空间状态会顺应自然的周期性变化而变化，或者对自然的周期性变化予以柔化，予以增幅，并通过这种形式去实现自身的变化。总之，建筑、聚落的空间状态是具备亲自然性的。第三，各种社会性关系已经在某种程度上趋于物象化，制度已经可视化。另外，平时与隐藏的空间相关的制度，会在仪式、祭祀，或有人违反规定的时候实现可视化。第四，有些集合以聚落这种建筑为要素，这些要素之间会形成一个由同一，或者说类似，与差异组成的网络，这个构造即会展现出聚落的或稀疏或紧凑的一体性。

综上，我们可以提炼出很多事项，其中大多数是可以记述为事物的状态或空间的状态的材质外观、外观、表现、表情、记号、氛围、存在状态等措辞的现象。这些记述均通过经验由意识生成，它们试图说明可保持的情景图式的状态。此外，这些词汇记述所指代的事物，它们的展现，要依托各种不同等级的概念，如自然、场所、制度、文化、风格、语言学秩序、几何学、与建筑作业相关的技法等。

我们可以称这些记述所指出的空间现象为"形态"（modality）。

形态，是一个将现代的关注点吸收并囊括在内的概念，我们首先来探讨一下这个问题。第一个要阐述的是对后现代主义建筑中的"表层"的关注。表层带有很强的装饰性，它会映照出一片广大的玻璃面的周边，会产生一些时间性的变化。它的这个性质有时会被刻意强调放大。一般来讲，我们可以认为：克里斯托在创作中，通常会试图立刻将建筑物、城市进行绑定，以表明表层的意义。同样，类似的建筑一经改变表层，就会完全改变物体性质。这种表面的材质外观，就是形态的本源。这种关注一旦从建筑扩展至城市，即会转化成对"街景""景观"的关注。这些点都拥有着一个共同的目标，那就是实现城镇、自然的可视性方法的秩序，以及材质外观上的特性等。它们与形态直接相关，与此同时，喧闹、宁静等居住环境的形态也被赋予了相应的关注。

第二，过去的建筑的意义性也被投入了一定的关注。这里的意义，指代的不是功能上的意义，而是"形态的意义"。它像是一个素材，在环境中梳理出文脉，又时而切断文脉。它也是一种对环境的认知态度，即，我们要知道环境中，既存在功能性文脉（关联性），也存在形态论文脉。其中一个原因是，城市、地域可以看作是时代的积淀，风格论拥有着过去和现在同时存在的共时性构造。上述态度便与基于风格论的认识相符合。自此，"地域性""场所性"，或者说一些作为具体理念的同一性，才真正开始被研究和审核。此外，神圣的空间、仪式性的空间、祭祀的空间、禁忌的空间等，在文化人类学或者说民族学的解读下也得以阐明，因此，形态论式空间的所在之处也开始逐渐向人们的意识渗透。环境的"制度"性意义的把握是经作为"场"的空间（例如座）的所在之处得以实现的，这种制度性形态诱发着诸如"中心和边缘"这种模型的生成。

第三，日照、噪声、压迫感等空间形态，逐渐成为普通民众的关注点。即，人们开始不仅满足于功能论上的身体舒适感，"意识上的舒适感"也渐渐被关注。对人类而言，物理性的日照、噪声需要排除，然而，对整体形态的苛求日趋凸显着它的重要性。如，人们会要求住宅向阳，或希望周边足够安静。这种居住人的意识状态经过环境心理学佐证也逐渐被世人所知。"被隐藏的"心理学距离、意识中的居住环境图以及其形成指标、领域以及要回避的领域等因素也将逐渐明晰。人们的意识绝对不是全部相同的，不同的环境之下人们彼此之间会产生"意识的差异"，这一事实正在逐渐确立。如此，居住人的意识和计划正日趋明晰，但目前还没有一个确定的方法将两者稳妥地予以结合。设计环境的一方，他们对居住人的意识的关注愈加强烈，因此，他们开始将目光转向有市民、居民参与其中的设计上。

第四，对建筑而言，空间的状态就是生命。这一事实一经确立，建筑师们便将目标转向了固有空间状态的形成。对于这种空间的状态，如果我们用一种更为概括的方式来描述它的话，那就是空间的形态。所谓形态，即意味着它的不确定性，而它所蕴含的这种意义又带着隐喻的特性。

例如，"高科技"一词的出现为人们指出了一个新的空间形态的实现目标。空间的同一性是在机械性合理主义的指导下整理形成的。一般来讲，建筑、城市的理念并不在这种同一性中。由各种的空间组成的"混合性"，我们认为这种混合型的发展基础，是包含了功能论的形态论。

以上讲述了一些对形态的关注，接下来，我们将以这些关注为背景，来浅层次地考察一下，形态论的逻辑性基础。

理解空间形态的出发点，就在马赫的"感觉要素"中。"感觉要素"就是感觉所认知的外界状态的因子，如温度、湿度、色彩、状态等。在马赫看来，状态的因子不在意识的外部，它是被意识和外界同时认知的要素，而对我们而言，其实只存在"感觉要素"。人们以经验为认知世界的基础，推进空间论的发展，而上述观点，可以说是这种空间论的前提。如果我们结合本篇论述的方向，对这个"感觉要素"予以重新定义，那么它就是形态的要素。

马赫将物理学要素、生理学要素列举为感觉要素。他认为，只有对它们相互之间的依存关系的认知才是重点所在。但是在做到这种整体把握之前，对于感觉要素的价值，我们通常会在一定的固定状态下，将它看作是一个形态要素。例如，与"多立克柱式的柱子"这个概念相对应的物体即是如此。因此，只要借助这种已构造化的空间构图，那么对构造化过程中的感觉要素的层次上的分析，就是有意义的。但是以经验来讲，"构图本身就是形态的要素"，这种认知更为妥当。这与洛克在"单纯形态""混合形态"这两种不同叫法中所展现的区别是有关联的，我们从感觉要素出发，在多个层次上试图对形态做出概念性把握[9]。

形态的要素，也许就是所谓的"记号"。这种观点在以洛克为代表的经验论中有着较为深刻的体现，海德格尔也对此予以了暗示性的提出。记号论的立场就是对于所有现象都试图从记号开始予以说明。从记号论的观点来看，形态的要素即记号这种设置，也并不是没有可能的。果真如此的话，那么形态论就是关于记号的一个体系性解释。

首先，对空间的形态的把握可以依据层次性形成的要素得以实现。但是这种把握是部分性的。"凉爽""潮湿"等表达即是如此，那么即使将它们合成在一起，将它们进一步表达为"凉爽又潮湿"，也依然没有言及光、声音的状态。这些就是形态的要素，或者说，它们的部分集合所指出的空间的特征性记述，是有其意义存在的。一方面，只要空间在时间上不是均质的，它就会不断发生变化。所谓"凉爽"这个形态，不过是某个时间点上的空间形态。又或者说，它代指的是在一定的时间段内得以持续的某种状态，然后在此基础上，形态的概念得到相应的把握。如此，借助时间的推移，我们依然可以对形态进行部分性把握，这种方式也同样具备其相应意义。

以部分掌握的形态，会经历一个逐渐复杂化的过程。即，从与一个感觉要素对应的形态，到与多个感觉要素对应的形态。形态会被不断地统一聚拢，更形象化地来讲，不断地被予以叠加。形态在经历过随意的聚落绑定之后，便会被赋予一定的层次感，被单位化，并用语言以及图示记述，并在经验引导下趋于社会性共享。"今天天气真好"便是一例。如果给这个过程一个几何学式的解释，就是：一个向量，它由 n 个任意选出的感觉要素的值组成，它的存在范围，将作为一个被赋予了层次感的，单位化的形态，携带上一定的社会性意义。如果马赫所提出的要素相互之间的依存关系存在的话，那么在这种形态中，要素相关之间的关联性也就是存在的，从另一个角度来讲，如果把它看作一个普通的物理现象，那么可以认为，在今天的科学中，向量大多采用的都是线性独立的形式。"今天天气不错，但明天可能会下雨"，这种形态的记述，有可能就是刚才的 n 个向量的值域的形态，基本就是经某个向量的值域得以展现的形态。这个向量的值域与感觉要素的相异的部分集合是对应的。从经验的角度来看，还可以认为，"可能会下雨"这个形态，与"好天气"这个形态是并行设置在一起的。如此一来，处于部分性把握中的形态，也将逐渐展现出一个步入整体化的过程。我们可以说，这就正好类似一种"逐渐上色"式的情景构图的倾向。这种倾向我们可以在"拂晓"的过程情景中看到，即周边从黑暗的状态逐渐走向光明，轮廓形状逐渐在视野中清晰。

出现"拂晓"过程中的空间的各种部分性形态，将依照其部分性特性，得到语言上的说明。语言上的说明多半暧昧不清且带有相对性。接下来我将随性地列举一些暧昧不清的尺度，这些尺度由对立的两个极组成，而这两个极又可以展现部分性形态的倾向。这些尺度原本在应用上极为隐喻，后因为矛盾相关的关系性经分析得以阐明。同时，它们的生成原本就是建立在逻辑性考察、科学之上的，所以，它作为试图解读形态的尺度的这个特性，就强于它作为一种隐喻的特性（出于便于解说的考虑，我在直接表示感觉的同时，相对代行隐喻职能的矛盾 [L1]，我先列举出了 [L2]）。

[L2] 自然现象 / 社会现象的形态的分析性 – 隐喻性尺度案例。

正的 ←→ 负的

病理学性 ←→ 临床学性

活体的 ←→ 尸体的

纯粹的 ←→ 混血的（hybrid）

表露性 ←→ 潜在性

野生的 ←→ 栽培的（饲养的）

可逆的 ←→ 不可逆的

有机性 ←→ 机械性

表层的 ←→ 深层的

向心性 ←→ 离心性

活跃性 ←→ 懒惰性

打开 ←→ 关闭

正式的（formal）←→不正式的（informal）

均质的 ←→ 混合的

神圣（的）←→ 平庸（的）

中心（的）←→ 周边（的）

共识性 ←→ 历时性

古典的（classic）←→ 通俗的（vernacular）

　　这些暧昧的尺度，大多都是在特定的人的活动或优秀著作的引导作用下，逐渐进入众人共享的轨道的。其中也包含一些自然生成的尺度、共享度较低的尺度。尺度并不一定要有两个极。一个极组成的尺度也是存在的。这种情况，我们将它的倾向认知为"中心和周边"。当然，有三个极的尺度当然更好，但是对它的认知可能就会有难度了。此外，我在这里展示的 [L2] 的尺度，与后面将展示的，更加基本性的暧昧的形态论尺度 [L1] 之间，原本是不需要区分开的。但是我亦曾一时迷惑"高 ←→ 低""深 ←→ 浅"等，到底应该写成 [L1] 的形式，还是写成 [L2] 的形式。如果我们尝试将这种暧昧的尺度全盘列举出来，那这工作量可能就相当于要我们把所有的能做谓语的词汇全部列出，并编纂一本字典的工作量。

　　部分性形态是多种多样的。拿拼图来讲，所谓部分，并不是指组成整部拼图的每一片，各种碎片的组合也是部分。既有连接在一起的组合，也有彼此分离的组合，我们就是要从这其中，甄选出"含有意义的部分"，并把它当作部分性形态，使之社会化。最后，完成的整部拼图也是一个部分。通常来讲，整体就是一个部分。因此，站在一种区别于古典整体概念的立场上来讲，从"各个部分的集合的整体"这个意义上来看，"拂晓"的整体化形态，就是一个部分的整体化。

　　但是，从原理上来讲，部分的整体化逐步推进至完善。我们就生活在这个进程所产生的形态中。即，不管身处黑暗，还是沉于安眠，我们都是"在白昼中"

生活着的。所谓纯粹的情景图式，即是彻底透析一切的世界之图。但是，即便在这种情况下，塞尚所提出的"自然即见所绘"依然是正确的，他不过是同时把握住了有限的部分性形态的并行状态罢了。可以认为，我们经验中所熟知的情景图式，它的部分整体化进程已经基本结束了。亦或者说，我们自身对此深信不疑。因此可以说，在这样的状态中，正在进程中的是当前部分的整体化。

我们所熟悉的，依时间顺序进行变化的一系列情景图式，将受"途径"因素的左右，而被认知为聚拢在一起形态集合。从"拂晓"这条思路来讲，对于复杂且较为古怪的部分性形态的聚集，我们的意识可以很容易地对它予以处理，原因是这种聚集具备着"途径"这种聚拢方式。一系列的情景图式被赋予相应的途径，意识在对它进行处理的时候，就仿佛在应对一个情景图式一般。换言之，意识生成一种新的情景图式，这种情景图式的各部分已经完成了整体化，所谓各部分，它的构成要素是各种各样的情景图式。

我们通常通过"途径"来理解一个空间的场所。场所就是空间生成的地方，也是空间的形态产生的原因、潜在推动力。关于这个原因的说明，大自然的潜在力量并不一定能给我们一个答案。一般来讲，可以说它是一种经过加工的，经过社会化的自然潜在力量；一种可以引发一定事件的连锁的，即可以引发"途径"化的一系列空间图式的力量。"途径"的生成，并不仅限于功能性层次，社会规章一样可以将其引发，且程度更高。对于场所，我们可以通过上述原因把握，但相比较而言，不如在"途径"所带来的形态基础上对它予以认知更为方便。因此，也有观点认为，我们可以通过事件的周期性对场所的特性做出认知。这个周期性，即维持着"途径"的稳定性。所谓祭祀、仪式、日常生活等说辞，即是赋予相对稳定的"途径"的表述。

如此一来，这些形态在目前来看是整体化的，但是从特性来看，它们依然还是不明晰的。包括刚才讲到的部分性形态的向量的存在范围亦是因人而异。不同的人就会拥有不同的范围，尤其是对于特定的人而言，他的范围边界是不稳定的，即，这个边界是相对性的，不明晰的。这并不是说它的特性就是含糊不清，让人难以捉摸，将来若确立了分析性的方法，就可以得以明确。而是说，它本质上就是相对性的，不明晰的。而涉及保存于整体化的形态中的相对性特性、不明晰性，实际它是一个什么样的情况，我们完全没有眉目。但是我们并没有在意这样的相对性特性以及不明晰性，会尝试用语言去记述当前已经整体化的形态。第一个方法，我们会对某个情景图式做出直接指示，通过这个途径去展现它的形态；第二个方法，是一种明喻性记述，即展现看上去类似的，其他的情景图式的形态，"如……一般"；第三个，是通过某种技巧展开的隐喻性的指示方法。

直接指示和明喻基本没有什么区别，直接指示的情况下，情景图式的范例集合就是单例的范例（由一个要素组成的集合）；而在明喻的情况下，范例的代表性要素，是谓语性的要素。换言之，在极为特异的形态的空间图式中，或者说在一系列类似的形态的空间图式中，可以成为代表性指标的空间图式，即是艺术、建筑所追求的目标，同时，也是各科学所追求的目标。但是，世间难免会发生惊天动地的大事件，或者天翻地覆的大变化，那时，也许就需要在价值和虚构性方面，对这种空间图式的形态重新审视和探讨了。

之前，关于有两级构造的暧昧不定的形态论尺度，我们曾列举一例，这里虽然无法展现隐喻性的表述方式的一般形态，但我们不妨尝试从上述事例中，对一些隐喻性色彩较为强烈的项目做出甄选。

[L1] 感觉要素的形态的隐喻型尺度案例

冰冷（cool）◆► 热（hot）

干燥（dry）◆► 湿润（wet）

明亮 ◆► 黑暗

白色 ◆► 灰色（或者黑色）

安静 ◆► 嘈杂（有噪声）

甜 ◆► 涩

看得见 ←→ 看不见

软的（soft）←→ 硬的（hard）

灵活的（flexible）←→ 僵硬的（rigid）

重的 ←→ 轻的

这些尺度是随心而列，但是我认为它们是最基本的形态论尺度。有些项目后面之所以附上英语，是因为大多数情况下使用它们的时候会直接照搬英语。冰冷，是日本中世的一种美学理念，在当时也被称作"冷淡"。涩、轻等也都是日本传统美学的价值基准。[L1] 展现了某种艺术作品的成立状态，即，各种各样的形态突然回归到本源性感觉形态的艺术作品，也可以说它是一种非构造性的"黄昏"的过程。

也许将来，关于形态论，即关于整体性，新的逻辑体系将会得以确立，这份期待将诞生于我们在 [L1] 中所看到"黄昏"的过程中。将最复杂的现象还原为每个人都可以在身体上共享的某种感觉，完成这个过程的程序是存在的，这个事实令人惊讶也让人充满希望。在这里，感觉是一种理念。也许，所谓形态论的基础的确立，是在经历了对"拂晓""黄昏"的过程的论述考察之后才得以完成的。

[L3] 新的，较难理解的形态的隐喻性尺度案例

喜欢的 （Studium）←→ 热爱的（Punctum）

构成性的 ←→ 非构成性的？

混沌的 ←→ 宇宙的

辩证法的 ←→ "非而非"的

生的 ←→ 死的

上面列举的是不同于 [L1] 和 [L2] 的新尺度，是原本不知晓，或者说晦涩难懂的形态的尺度。"喜欢的（Studium）←→ 热爱的（Punctum）"是罗兰·巴特在《明室》中提出的一组相对概念[10]。"Studium"表示一种喜欢的状态；"Punctum"表示一种热爱的状态。直觉上来讲，确实难以理解，又极为巧妙。这种尺度，是会冻结，还是会得到相应的解析？这个问题，需要时间寻找答案。

接下来的"构成性的 ◄► 非构成性的？"，是目前在知识领域所提出的一个课题，非构成性到底是一种什么样的形态，目前人们正在探寻它的表现方式。"混沌的 ◄► 宇宙的"代表的是混乱和秩序的尺度，但涉及混沌到底是什么，宇宙的秩序到底是什么，这个问题就难以理解了，因为它本身就是一个非常具有隐喻性的形态。"辩证法的 ◄► 非而非的"是我特意列举的一个事例，它是否定的功能的形态，经历过历史性争论的否定的意义，它的全貌将会再次浮出水面。"生的 ◄► 死的"与"有 ◄► 无"基本相同，但我们只能将它理解为一种先验的，公理性的隐喻。

形态论并不代表经历的全过程，它的前提是：经历的重要部分随空间构图一起展开推进。空间构图是意识的某一个理想存在状态，是意识现象的某一个形态。空间构图在与其他空间构图的对比中，生成相应的关系。然而目前形成的空间构图是作为形态在展现自身的。形态论的基本立场是试图对这种线性的特性、直接性、自立性予以保存。

但是，就如我们已经在暧昧不定的形态论尺度案例中所看到的那样，如果我们要对形态进行分析、解释，就必须要依靠它们相互之间的关系性。因为逻辑是成立在关系性的基础之上的。但是，形态逻辑学却先确立，如此一来，这里所谓的关系性，就称不上是一种必然性关系，而是一种可能态状态下的关系性了，它所立足的基础是暧昧性。这种暧昧性，这种明显不稳定的状态，不太可能完全还原为必然性关系。对此，我们引用一下刚才列举的案例，参照一下"喜欢的（Studium） ◄► 热爱的（Punctum）"，便可略知一二，它并不属于关系论的范畴，而属于实践论的范畴。那么是不是意味着形态的科学无法成立了呢？其实不是。有一个方法算是一个典型的案例。这个方法是通过模拟，也就是通过"依托于形态直接性的明喻装置"而展开的。模拟是一种"戏剧性科学"，它会像化学反应那般，将相继出现的形态认知为巧妙地汇集在一起的一种"途径"，并将其单纯化，从而导出一篇意味深长的故事。也许，这个科学不久将会构想出一个与当下世界完全相同的"另一个世界"，并将它与现实世界对比，然后在这种对比中论述形态的确定性。

当我们把空间图式看作意识现象的一个形态时，空间图式生成的场所就是一个问题了。空间图式在其意识的场所中，将作为就现在正在发生现象的空间图式、记忆而不断积淀；有时，它在展现自身的时候还会以各种形式的图式出现，如可重现的空间图式，作为一种想象而生成的空间图式等。如今的空间图式，是在外界和身体同步的状态下，展现着自身的。将这种同步的状态，以及重现、生成的状态包含在内，并假定导出空间图式的力量是意识的场所拥有的力量，那么刚好适合当前的考察。因为这个模型与空间在那里生成的场所的结构是相似的。

意识的场所究竟是怎样一个状况？这个问题没有必要去确认，人们的意识的场所各自相异。这个差异就是导出空间构图的力量的性质差异。因此从结果上来讲，当同时面对某个场面的时候，就有必要在自己与他人之间确认空间图式。但是，在日常生活中，特别是对于现在的空间图式而言，人们是共享着意识的场所的；不仅如此，对于空间图式的意义，人们也是共享的状态。空间图式本身就展现着它自身有限范围内的意义，确认可共享，其意义就可能实现向对方的传递。因为空间图式的形态就是作为"能指"（意指）在行使着它自身的职能的；但是涉及"所指"（被意指），如果没有空间图式的形态相互参照，它就不可能成立。因此，所谓意义，就是空间图式相互之间的差异的指标。对于经验而言，空间图式是不可能完全单独地作为意识现象出现的，所以，意义的生成是建立在形态相互之间的比较上的。所谓意义，就是意识的场所中的空间图式的整理基准。因此，我们不得不认为，在意识的场所中是存在着这种整理和记忆的力量的。

窥探意识是一种冒险。对于形态论而言，这个冒险是难以避开的。即便如此，用语言阐明意识自身的结构，这也不是艺术家、建筑师所追求的目标，他们也并无意将设想再进一步拓展。但是，关于形态的价值，若要主张从关系转向形态，则必须提前提供某些线索，否则有失偏颇。至少，对于城市、建筑而言，"舒适"就是价值的一个基准。所谓"精雕细琢"，也是人类工程所能达到的一个境界点，而展现这种境界点的形态也是价值之一，包括"极为高大"这样的形态，同样也能列入价值的行列中。"舒适"是一种日常性的价值，同时，它也是一种高度复杂的价值。因为舒适既包括物质性身体上的舒适，也包括意识上的舒适。当然，意识是不可能脱离物质性身体而存在的，所以这里所谓的意识上的舒适性是针对现象学上的"身体"而言的。

我们将意识的场所，以及在这个场所中发生现象的空间图式进行一个一体化认知，所得出的物体，如果遵照某个逻辑，它就可以称作"意识的空间"。这个逻辑是，"物理性场所和在这个场所施加的物理性加工、事件（广义上的建筑）生成空间"。"舒适度"指的就是这个"意识的空间"的形态。所谓"很舒适"的形态，就是意识的场所和空间图式两者相得益彰，达到某种和谐境界的一种伦理学上的风景。古时称这种"舒适"为"真善美"。人们力争实现对"舒适"的共享，并在这种共享中探寻着生存的目标，这一点时至今日也依然没有任何改变。但是，"意识的空间"也是有差异的；意识的场所因人而异，在这个场所发生现象的空间图式也是有差异的。所以，空间形态的多样性是完全可能的。但是，普遍性的"舒适"是不存在的，一成不变的"舒适"也是不存在的。

如此一来，我们便通过对空间图式的同一和差异的确认，对意识的场所的同一和差异也做出了确认，更将确认"意识的空间"的统一和差异这项工作，将"拂晓"的整体化的实现提上了日程。这种复层构造、多层构造，才是意识乃至意识现象的特性。

一旦我们展开对意识内部的窥探，就要借助到记述电子学研究的现象、记述电子学生成的日用品的能力、现象的词汇，如同步、诱导、感应、增幅、偏移、变换、记忆、重现、周期、路径、置换等。也许，熟悉电子学和信息工程学的人，会更加巧妙地对意识的功能做出解释。电脑正在接近我们的意识。我们身边有许多与过去的电脑有相同特性的道具、机器，与此同时，又有与它们完全不同种类的装置不断出现。如果说让我们找出一个与 20 世纪前半期的"机器"对应的物体，那么就是"电子装置"。若将这种对比投放于建筑、城市中，并让它发挥相应的作用，那么它将为我们带来什么样的指点呢？我们知道以力学体系为象征的功能论已然失效。我们将距离和时间抽象出来，在此作用下会有同时存在性产生，那么这种同时存在性、在现实的风景中观看不同影像的多层性、通过记忆装置或模拟（特别是音乐中的）实现的重现性置换性、普通人看来只不过是黑洞表面现象的表层性自动性，这些性质都可以成为形态论的研究对象。

我们不妨做一个对比示意图，以便将上述内容做一归纳。

近代建筑	功能——身体——机器
现代建筑	形态——意识——电子装置

但是，对于这个列表，我想试着这样解读：形态囊括了功能，意识囊括了身体，电子装置囊括了机器。目前来看，这种解读也未尝不可，因为它既能体现对现代建筑的特性的重拾和强调，又对其中的差异投入了相应的关注。

形态的现象面一经确认，就会有这样的声音出现：表现行为一直以来都是依托形态而存在的，也许它本身不是一个新颖的事物。因此，针对形态将着眼点放置于关系的近代才具有革新性的意义。因此，这里有三个要点，第一，将形态这种现象看作一个具备传达可能性意义体系，并将它放回正当的位置；第二，关系也有一个形态，这种认识也具备着一种全面性的意义，因此我们要对形态做一个重新认知；第三，艺术、建筑追求新的形态表现方式。之前论述的展开，都是为了阐明第一和第二两个事项。

第一和第二两个事项也可以看作是表现活动的课题（传统性地被赋予相应意义的空间的展现、观念艺术等），主要是"创建与形态相关的学问系统"这个课题。要想完成这个课题，需要建立一个新的逻辑学基础，以对暧昧性和多义性做出相应处理；同时，需要建立一个全面的空间构图体系，完善各个概念。

　　然而我们目前的兴趣着眼点在于第三个事项。但是，新形态的表现方式就是启发性表现行为的课题，解释说明都跟随在表现方式之后。但也可以在某种程度上看到一个模糊的方向。

　　其中一个方向就在意识窥探工作的持续中，之前我们也再三地提及。即：不是要我们把对隐喻的引发作为表现目标，而是要展现有隐喻生成的意识的结构装置，如达利、基里科、埃舍尔、马格利特等人先行实践的那般。相信这项工作在不久的将来会体现在绘画、雕刻、建筑等领域中，或许已经开始进行，只是我们没有发觉而已。如果说真的有一种巧妙的表现方式，那么它也许就在不断对意识展开探问的文学中。而建筑的表现方式则可能会在现实惯性因素影响下姗姗来迟。以这个工作目标为起点，关于某些现象的意识的功能的构造，以及隐藏的构造也将会逐渐浮出水面。所谓某些现象，如记忆的再现、想象的自我诱导、现实和想象的双重构造性同时存立、空间构图的与他人的共享性（这些现象，就是文学、电影等的描绘课题）等。这也意味着对传统意义上的隐喻的全新构建。当然，这项工作可以完全用新的装置来推进，但基本上，用李维·史陀所提出的"拼贴"就已经足够了。这种意识的结构的展现，也宣告着"混合型"的新的理想存在状态的可能性。

　　以下还将讲到一个线索，这个线索同样不明确，但是它却具备着理所当然的性质，所以同时也有着令人相信的一个侧面。它就是形态的一种新的固定化，这种固定化也许得到了科学技术的证实的，也可能是经过科学技术实验得以证明的；它又是新形态的抢先占位，这种新形态中包含了我们对上述结果的预测。这已经包含在了高科技现象之中。也可以说，这个线索就是通过这项工作而展现出的，对自然的再解释和对舒适感的再定义。其中一个分支，就是基于形态论性自然现象提出的艺术性自然学。形态论自然现象，会经历一个始于构成性自然现象的时间性变化。构成性自然现象带有坚实的固体性和构成形态；而形态论自然现象则是无形的，如云、雾、彩虹、海市蜃楼、风等。

如此一来，两个方向，一是对意识的窥探；二是经科学技术而得见天日的，对无形自然的注视，都将具备一定的可能性，刚才展示的对比表中的"形态——意识——电子装置"这个构图，即向我们表达了一个主张——上述两个方向其实是相同的，重合的，而形态论及其表现方式的生成，就建立在这种相同和重合的基础之上。

注释

[1] 海德格尔《存在与时间》，1926 年出版。

勒·柯布西耶《走向新建筑》，1920 年起刊登于《新精神》，1923 年出版。

瓦尔特·格罗皮乌斯的《国际建筑》（*Internationale Architektur*），1925 年出版。

[2] Reynar Banham,*Theory and Design in the First Machine Age*, Architectural Press,1960。

[3] 莱布尼茨《单子论》，河野与一译，岩波书店，1951 年，274 页。

[4] *Ideen zu einen Phänomenologie und Philosophie*,Zweites Buch,Husserliana,Band IV,Martinus Nijhoff,1952,158 页。

[5] 安德烈·布勒东《超现实主义宣言1924—1942》稻田三吉译,现代思潮社,1961 年,以及,马克斯·恩斯特《绘画的彼岸》,严谷国士译,河出书房新社,1965 年。

[6] 参考克劳德·李维·史陀《野生的思考》大桥保夫译,水篶书房,1967 年收录的"具体的科学"。

[7] 参考注 5 中的书籍。

[8] 关于场所的表述，遵照西田几多郎的著作。

[9] 参考 John Locke,*An Essay Concening Human Understanding*,Dover Publication,New York,1958 第三章。译词参照大槻春彦著述。洛克使用的是"mode"一词。关于形态概念的文献学习，将是我今后的研究课题。

[10] 罗兰·巴特《明室》，花轮光译，水篶书房，1985 年，40 页。

"非而非"与日本的空间传统

（1986年）

　　这篇小论专为本书汇总工作撰写，但关于"非而非"，我已多次尝试予以记述，在"关于'部分和整体的逻辑'的再构建"章节中，也有相同引文下的论述。重复内容原本是应该避开的，但是，关于部分和整体，还有逻辑，需要我们放大去审视，基于这个立场，我便将其原样保留了下来。

　　文章"两个涌点"刊登于《建筑文化》（彰国社）1978年2月号上，该文章是对"非而非"观点的总结性论述，本篇小论的撰写便以这篇文章为基础。但是，当时我对"四句"并不了解，关于伪狄奥尼修斯也没有相关的译本，所以两者在内容有很大的差异。1974年、1975年，我结合空间概念，展开了对东方和日本空间传统概念的探讨，从那时起，我便对"非而非"逻辑有了一定的关注。

我借印度聚落调查（1977 年）之机，学习了印度的思想，接触到了日本的歌论·连歌论等相关知识，并从美学的角度对这个逻辑进行了理解。

辩证法和"非而非"逻辑，都拥有促进发展的力量，它们都试图打破状况的固定和停滞。但是，应该朝哪个方向发展？对此，这两个逻辑并未给我们做出具体的指示。已经阐明关于发展的两种形态或者说原因。然而关于方向问题，双方都将被投放到实践层次去解明，因此，方向完全可以保证是自由的。辩证法和"非而非"的特性是，它们会在时代和文化的当下状态中，引发对自己意义的重新解读。所谓发展方向交由实践去说明，这种做法的意义的基本，就在于两者的上述特性之中。即，它们首先会来质问我们关于它们自身的解读。最新的解释就伴随着针对现实的各种各样的构想而生，这些构想会给我们提供相应的方向性，所谓发展方向交由实践去说明，即是这样一种构架。

我们身处相对论的时代。绝对之物、不动之物，已离我们远去。在这种整体性的形态中，"非而非"逻辑的涌现恰如一股清泉。届时，日本中世的艺术将会带着累累硕果出现在我们前面。

在对世界的聚落展开调查的过程中我发现，传统这个概念，它的归宿不是民族主义，而是国际主义。

有一种空间，我一直坚信它是日本式的，然而我却在非洲、中美等地也发现了类似的空间，此类经验不断积累之下，我得出了上述见解。例如伊拉克北部的住宅，它有一堵独栋的土墙，有平屋顶的客厅，但其中却举行饮茶仪式。我们将这个仪式与日本传统的茶道仪式做一对比，可想而知，差异颇多，但是相似点也颇多。例如，主客所坐位置的固定性，即有座存在，空间形成一种场；众人将茶传而品之，仪式由此起始，之后的各种动作都严格按照顺序进行等。但是，对于这些相似点，我们也许无法用语言将它们表述清楚，但茶道仪式中所体现出的那份情趣却又是相似的。我身处席间，那一栋小小的土墙越看越像茶室。还有那晒干的土坯墙，它原本应该是完全不同类型的建筑，在我眼里现在连它都与日本的粉刷墙越来越相似。在伊拉克的住宅中，茶室占据了一角的位置，仿佛客厅一般，这让我不禁个想，也许在日本，也曾存在过这样的茶室。

要论述传统，我们就要足够重视文化的差异。但是，关注差异性的同时，我们也不能忽视相似性、同一性。如果要绘制出关于相似性、同一性的关系网络图，那么世界各地的传统一定可以构建出一片没有孤立点的关系网络。文化的形成不仅依赖于传播，它的形成是多发性的。我们可以说，遥遥相隔的地域之间的传统会因为某个共享因素而连接在一起。这样的案例并不在少数。这个共享网络，也恰恰说明了传统终将回归国际主义。

本篇小论中频繁出现"秋季黄昏"这一表达。我曾在世界上许多地方经历过秋天的黄昏。在保加利亚，当地的人们是否也感受到了我所感受到的那种秋天的黄昏呢？秋季，当黄昏降临的时候，心间一种情感油然而生，这种情感充斥整个空间，空间中会带上一种别样的气息。我无法确认保加利亚的人们对秋天的黄昏是一种什么样的感情。但是由于聚落空间的关系网络的存在，可以确信保加利亚人和日本人共享"秋季黄昏"。

日本的传统是特异的，同时又是非特异的。文化的解释极其宽松，同时具备多种多样的包容性，这种观点是上述看似矛盾的表达所立足的基础。传统与其他的文化概念相同，也是一种构想。以下将对日本空间传统展开论述，但我并不认为这种传统是日本固有的。传统，是由各种要素的向量组成的倾向。倾向，又是可以反过来分解为各种向量的。然后关于分解的方法，我们又可以展开多种多样的构想。

日本式空间的展现，我们可以从霞光和樱花中看见；也可以在枝叶枯黄，茶色浸染的紫色树木风景中得见；也可以在夏季海面水平线上的云朵图景中觅到。接下来，请允许我提出一个独断的观点：理念上的日本式空间，就出现在秋季的黄昏中。西边的天空、冰冷的空气、森林之影、钟声、寂寥、不觉袭来的死亡气息、母亲的怀抱、儿时的追忆、**雾霭**、燥热之夏。

放眼望海边 樱花红叶皆不见

秋日黄昏中 唯有茅屋立海滩

——藤原定家

据茶书《南方录》记述，关于这首歌，绍鸥曾说，此乃茶道真性情。接下来我将对绍鸥的话语做一引用，同时，将附注上编注者横井清先生的解说。

"樱花红叶，比作客厅的台子之类的茶道用具。凝神注视那花和红叶，发现自己置身于无之边界，这个边界就是海滩的茅屋。若不能感受花朵红叶风情，就难以产生居住茅屋的意愿。倾注感情去看这风景，用诗歌歌颂它，才发现自身的这种闲情逸致。这是茶的真性情[1]。"

这是定家广为传颂的一首歌，即使我们仅把它当成一首描述情景的歌，也同样可以理解绍鸥所要表达的意思。歌中所描绘的"秋季黄昏"，已然定格成为我心中一景，往后不管什么时候看到秋季黄昏的风景，我都会不由自主地将它与心中之景重叠在一起。我时常会感知到一种难以表现出来的空间形态。它存在于日本寺院、民房的矗立之姿中，存在于日本的传统工艺品中，存在于村落的风景中，而它的形态正是定家的"秋季黄昏"。

定家的"秋季黄昏"中，鲜花盛放，红叶飘散，既有金黄色的风景，也有色调褪去的茅草屋景致。可说是双重图景，双义性的重合，亦可说两者皆不是。

较为宽泛的解读之下，我们在春季的明亮寺院庭前，在冬季庭园的黑暗之中，在庄严肃穆的金堂中都能感知到"秋季黄昏"的存在。即，"秋季黄昏"的显现，是脱离秋季的黄昏自身的。我在伊拉克看到的客厅土墙中，在危地马拉高原被称作圣厅的聚落民房景致中，在科特迪瓦罗比族民房室内，看到的都是"秋季黄昏"。

这里有一个需要注意的点，我要再提一下。即，所谓构造空间的行为，并不只包括建造建筑、庭园，它存在于我们日常生活中的所有局面中。我们只能是一种空间性的存在。因此，空间性传统具备着一种倾向，它可以在人们行为的所有局面中得以窥见，且这种倾向必须要经历历史性的共享传承。此外，某个时期内，也许它还向整个艺术领域展开了渗透，甚至还有思想、思考方式等因素。带有这种倾向的空间把握叫作"空间概念"。接下来我要阐明的一个日本传统，正是因为上述原因，才被定位为日本的传统"空间概念"。此外，这个传统在现代依然生生不息。我认为，也许正因为如此，它才能诱发诸多新的解读，并不断为文化提供启发和灵感。

空间离不开展开构想行为的我。但是，我的构想力又是众多人的构想力的集合，我自己的构想力占了多大的比例，并不明确。通过定家的"秋季黄昏"，我才萌生了把我从秋季黄昏中感知到的内容推向普遍化的想法。此外，伊拉克的客厅，以及在那里举办的仪式，都是陌生人的构想力的产物，这些构想力来源于实际存在的建筑物、仪式顺序的图式，它们将成为引发 "秋季黄昏"的原动力，发挥相应的职能。

这些空间的现象并未指出功能性关系性。事物确实具备可以引发"秋季黄昏"的职能，但这并不是海德格尔所提出的作为 "道具"的职能。功能论的世界，散发着一种整体性氛围。它不是职能和关系，而是材质外观，即形态的世界。

接下来，我将在此指出一种形态的展现。对于它，我一直非常好奇，这个形态到底是什么，或者说它的源头在哪里。与此同时，我们还可以认为，这种形态归属于深厚的历史层次中，它是在日本的历史中，或者说在日本人的个人史中不停重复，并近乎无极限地浮现于人们意识之上的一种形象。支撑着这种形态展现的某个人物，就存在于日本历史的深处。也许，只要对象仍是秋季黄昏，那么它就是佛教经典中的某些内容，就是佛教的支柱，即思想的核心。那么我们可以这样认为：诞生于印度，传流于日本的某种东西，它与之前的日本文化感性不断融合，之后到了定家的时代，它便成了诱发物哀、幽玄，以及顺应时代之下的侘寂美学理念的原因。同时，它还在超越佛教信仰的层级上推动整个文化发展的原动力。

原因是什么？诸多思想家已经有所把握。我读《奥义书》以及佛教经典的瞬间便对此有所参悟。借助了日本中世艺术家、美学家们的视角和观点之后，我有了更深的理解。我认为有必要了解一下他们对佛教和艺术是如何认知的。在刚才引用过的《南方录》中，南方宗启曾有过如下表述：

"实为尊贵稀世道人，思此为茶道，实乃祖师悟道也（原想此即为茶汤之道，不想竟通向佛教祖师之悟道）[2]。"

稀世道人指绍鸥、千利休。《南方录》写于1539年。回溯至更早的400年前，引用藤原俊成的《古来风体抄》。

"故、如今、论歌之深道，如空·假·中三观，遂并行记之[3]。"

"空假中三观"是天台宗创立的，构建佛教基础的思想。目前来看，我们改称这部分为佛教的教义，想必也并无不妥之处。关于原因，我们引用有吉保先生的一段话："所有的存在都没有实体（空观），虽为空，但依缘而虚存（假观），空·假不二一如（原本为一体），但不可片面看待其实相真如（中观），此乃天台宗独家的教义"。换言之，就是接下来要阐述的"非而非"的一种解读形态。

两段引文均表示，歌之道、茶之道与佛教相通。这个观点在心敬的《私语》中，对佛教和连歌进行了论述。如此一来，我们便可以重新得出一个观点：从"秋季黄昏"中窥得之物，其实是存在于佛教中的。

定家的歌中带有双重性，可以解读为"樱花亦然红叶亦然"不存在的同时也存在。这种双重性，可以在佛教经典的多种局面中看到。以下这段文字出自《般若波罗蜜多心经》，想必人们对这段文字更加耳熟能详。

"色即是空，空即是色。"

这部分是在说，存在与不存在是相同的。简单点说，就是有和无是相同的。我将这部分解释为生存和死亡是相同的，对于它的意思，我曾多年尝试去认同（不用说，到现在仍未认同），但每次浮现在眼前的都是"秋季黄昏"。既然如此，要想把这个矛盾就当作矛盾去把握的话，那么只需要找出相关逻辑的记述形式，其本身的一般形态即可。

我们首先引用一下最澄和空海引入日本的《大日经（大毗卢遮那成佛神变加持经）》中的内容，以及奥义书《大森林奥义书》中耶若伏吉耶的话语。

"秘密主，如来应正等觉，非青非黄、非赤、非白、非红紫、非水精色、非长、非短、非圆、非方、非明、非暗。非男、非女、非不男女。秘密主，心非欲界同性、非色界同性、非无色界同性[4]……"

"伽尔吉啊，婆罗门所说的这个不灭者不粗，不细，不短，不长，不像火和血液那般红，不像水一般湿，无影，无暗，无风，无空间，不接触，无味，无香，无眼，无耳，无语，无思想，无光热，无活力，无气息，无嘴，无脸，无量，无内，无外[5]……"

如这两部分所描述的这样，"非而非"的基本态势，是一种尊贵存在。现象的论述只能在一种形式中展开，即非 A，非 B，非 C……"非而非"的基本态势也可以说存在于这样一种形态中。即全否定的态势。

但是，即使是这部分引用，我们也必须把它当作更深层次的全否定记述来阅读，关于这一点，通过以下《宝行王正论》的引用便可得知。

"士夫非地水，非火风非空，非识非一切……蕴非我我所，非彼亦非无……地非（水、火、风）三要素。也并非（三要素）在其中，非彼亦非无[6]……"

这里全否定有点复杂，作为"非彼"来讲，这种记述会让我们联想到"亦非无"这种双重否定形式，即某物 A 与它的否定形式非 A 并行的状态。接下来我们将从《摩诃止观》中引用一些片段。《摩诃止观》是给日本中世美学带来最大影响的经典著作，引用将以心敬的《私语》为主。

"若谓法身直法身者非法身也。当知法身亦身·非身·非身非非身[7]。"

"若谓般若直般若者非般若也。当知般若亦知·非知·非知非非知[8]。"

"若谓解脱直解脱者非解脱也。当知解脱亦脱·非脱·非脱非非脱[9]。"

　　此处，"非而非"的形式已经趋于完备，其逻辑内涵，也在"尊严之物为 A · 非 A · 非 A 非非 A"这个论述之下得以展现。接下来，从龙树的《中论》中引用部分内容。《中论》的内容，展现了"非而非"的基本形态。

　　"一切实非实 亦实亦非实 非实非非实（日译 一切是真相。又不是真相。是真相又是非真相。非非真相亦非真相。）"[10]

　　"非而非"也可以称作"空"，实际已有众多人曾对它深邃的内涵做过论述。"非而非"所表达的意义的基本目的，就是让两个对立的现象，直接达到一种可以了解的境界，就如我们在《般若波罗蜜多心经》引文中所看的那样。从这个意义上来讲，"非而非"与"辩证法"一样，应归入实践，而不是逻辑的范畴。中世的艺术家、美学家对以"非而非"为核心的佛教之道和艺术之道进行了一体化认知，这种做法是基于上述理解的。本篇小论之后将会把关注点移向这样的艺术、空间；同时，既然辩证法可以如一种逻辑一般加以论述，那么对于"非而非"，也可以将它看作一种逻辑而加以阐述。西田几多郎对这个逻辑进行了深刻考察。从整体来看，在根源性上，他的哲学可以说是存在着"非而非"的逻辑的影子。关于这种本质内涵，我们应该如何将它与西欧哲学的诸多成果予以融合，赋予新的价值，并实现逻辑化呢？这个课题支撑着西田几多郎的哲学成立，而它最终所能成就的一个体系，也是围绕"非而非"逻辑展开的哲学构想。然而，西田并未将以"非而非""空"为基础理念的佛教的各概念，展现在逻辑推导上。或许，他是想凭借西欧哲学的概念性装置，来阐明"非而非"吧。其终结点，就是凭借辩证法阐明"非而非"的形态。

　　"无的场所""绝对矛盾的自己同一"是西田几多郎的知名观点。这些观点始自意识，并经历了长期的精心打磨，最终到达了一个极点。即使抛开这些，就对"非而非"进行解说的价值而言，它们依然是直接，且具有高度性的概念，堪称被"色即是空，空即是色"置换的概念。佛教是一个宽容的宗教，佛学是一门宽容的哲学。其宽容性的根源，可以说就在"非而非"之中。"非而非"

可以包容很多解释，或者说，它可以诱导、生成多种解释，并使之推进。这也是形成上述进程的原因。佛教与其他宗教不同，当我们看到佛教典籍便可知晓，佛教的广度已被诸多人士述说成言语。"绝对矛盾的自己同一"是西田对"非而非"给出的解读，这个概念中存在着封锁这种拓展力的逻辑。借助新柏拉图主义的概念来讲就是：有"回归"，没有"流出"。在他的哲学体系中，这两个概念自初始阶段起就先验性地出现，并带有"绝对"和"统一"理念的色彩，可以认为，这两个概念就是封锁拓展力这种特性的起因。这两个概念将在经历了各种各样的逻辑过程之后，被送到最终的地点。但是这些概念，仅是"非而非"的一个侧面。"非而非"逻辑中，还有另外一个侧面，这个侧面与上述侧面相反，是相对性的，是失去统一感的，是松弛且暧昧不定的。正因为如此，他才能说出"何况恶人也"这样的话语。西田所指出的"场所"，换一种说法就是涅槃的场所，而中世的艺术家自觉的状态下所给自己的定位，是平庸的场所。"非而非"不只是出现在神圣的场所，还会引发从平庸的位置朝神圣的位置行进的动态。俊成曾说过，歌是"似虚言妄语之戏谑"，这句话通俗地说出了艺术的态势[11]。

我尝试从山内得立先生、梶山雄一所阐明的"四句"出发，对"非而非"做出解释。它已经在关于"非而非"的阐述中提到的关于龙树的记述形式中有所体现。山内得立先生认为"（一）肯定、（二）否定、（三）非肯定也非否定之物、（四）既是肯定也是否定之物（据他所言，（三）和（四）的顺序是颠倒的）"[12]；梶山雄一认为"如果将第一命题定位 P，那么四句即可记述为：P·非 P·P 且非 P·非 P 且非非 P"[13]。

被称作四句、四论等的命题群，它们在逻辑形式层次上，应该怎么记述，实际在最初阶段，其方法的探寻就遇到了难题。问题列举如下：首先，（a）就山内先生的观点来讲，肯定、否定是会展现命题的内容，还是会指出关于语（概念）的肯定、否定，就梶山先生的观点来讲，P 是否是命题，即是说 P 之外是否有主语存在；（b）且、又、也非、是等措辞到底是什么意思；（c）四句并列的形式到底意味着什么。参照着关于这些问题的学术性探讨以及探讨的历史，并展开深入性论述，这并非我力所能及。可浅显地得知的事实只有一个。即关于四句，其实在对它进行记述的阶段起，就已经有多种见解存在了。前述中，关于"非而非"，我做了一些引用，通过这些引用，我们对"非而非"有了一定认识印象，下面我将基于这些印象，结合本篇论述的目的，从以下记述开始展开阐述。记述中，我将用到以下五个要素和记号。

（a）"那是"——α：

（b）A（这个排列因子）——A 或者 ~

（c）"是 ~"——P（~）

（d）非——"not"

（e）同时——~ / ~

我认为引用这些要素，四句拥有着以下形式。

那是————————————————α：

①是 A。————————————P（A）

②是非 A。————————————P（not A）

③是 A 同时又是非 A。————————P（A）/P（not A）

④是非 A 同时又是非非 A。——————P（not A）/P（not not A）

（＊）①②③④同时成立。

（＊）项是补充，原本是一个对四项之间可用记号展现这一性质的简单记述。关于四项的同时成立，仅看山内、梶山两位的阐述，就可以得出各种见解。在此列举几例。《摩诃止观》中的 A·非 A·非 A 非非 A 这个形式中，"·"可看作是表示"同时"；在刚才引用的《中论》译文中，"又"可看作是表示四项同时成立；从其他关于"非而非"的引文的文意来看，它们选择了（＊）所展现的见解。

解释"非 not"的意义之前，我们先来看一下亚里士多德的辩证法的"not"

的意义。在亚里士多德看来，A 不但可以指示出对象，还可以指示 A 应该所在的场所。在他看来，场所"topos"，就是一种边界。正因为它是一种有边界的领域，我们才能将某个场所与其他领域区分开来，并对它进行定义。not A 指代 A 不在 A 原本的场所的状态。因此，"not"即为移动现象的力量。因此，not A 不可能是原来的 A。这个"not"的力量，在"非而非"中将会明确。"not"（not A）中的否定的否定，是一种将 A 放置回 A 原本所在场所的力量，这个力量正是运动的原因。我们在此看到的辩证法的规定，就是辩证法最根本性的意义。随后，辩证法中的否定的职能的意义被不断丰富。但是，即使有多种解释，有两点最终还是保存了下来，第一点，"not"是诱发运动的原动力；第二点，具备外延性态势，这种外延性态势，是由 A 的场所、not A 的状态、作为结果的"not"（not A）的状态所指示出的，或在运动之后可以确认到的。就此而言，辩证法就是一种带有决定论倾向的拓展逻辑，而且在诱发运动这层意义上，它还具有历时性。再回到亚里士多德的理论，并对该场所的逻辑进行空间性的解释，那么可搭建边界的领域将根据空间的容器性而成立，力量发挥功能的地方将依照空间作为场的特性而成立。

　　"非而非"中的否定的意义，与辩证法中的否定的意义性质不同。A 原本应该所处的场所无法指示一个意义。或者说，如此搭建起边界的场所，原本就不存在。因此，我们首先放置一个 A。于是 A 的领域就暂且规定了它的边界。但是，not A 立刻就开始待命。之后，非 A 的场所开始多个，或者说无限浮现而出。"非而非"的力量，不是移动的力量，而是引发可能之场所出现的力量。

　　"非而非"形式的要点，就在（e）之中。同时被放置于此的，还有 A 和非 A。接下来，我们将③用"ΓA"来表示。那么，"$\Gamma A = P（A）/P（not A）$"简写为"$\Gamma A = A/not A$"。以此类推，④就是"$\Gamma not A = not A/not not A$"。如果此处，③和④之间存在"同时"的关系，那么结果就是"$\Gamma A/\Gamma not A$"。此外还有其他的解释，如果将④看作"$not \Gamma A$"，并将③和④"同时"放置，

这种情况下，便可记述为"ΓA/ not ΓA＝ΓΓA"。也就是说，关于 A，"Γ"的程序重复了两次。

"非而非"可诱导出无穷的解释，而它之所以能成为这种力量的根源，依靠的就是其内在的否定之力，再有就是"Γ"的力量。而将"Γ"所蕴含的意义展现出来的最典型事例，就是"色即是空，空即是色"，就是"秋季黄昏"，就是西田几多郎的"无的场所""绝对矛盾的自己同一"。

如此一来，"非"和"同时"将通过多层性，将 A 被放置的场所的边界模糊化。多层性是与某些场所的边界重合的，这些场所即是作为可能态的场所，而可能态亦是以多种形式出现的。这就是"无境"。因此，无境在此就不是"中道"，而是出现的"诱发"，是拓展。人们指代这种无限拓展的可能性以及界限，例如，称之为"物哀"。中世的歌论常出现反复，乃为"歌病"，即，之所以要避开"同心病"（重言式），避开轮回，就是因为对拓展的执着憧憬。得知众彩庄严的无限拓展存在，心生喜悦；又知不能将其尽收眼底，又悲痛，"无常"则表述这两者的同时存在。"幽玄""侘""寂"等，则指代 A 引发的各种可能态多层性出现的形态。

在"非而非"中，以"那是"A 为契机而可能出现的无数现象，它们互相重叠，且不论现象的边界各自存在，它们最终将成为无形且不明晰的整体。从这个意义上来讲，"非而非"就是整体化的逻辑。"ΓA/ not Γ A（或者 ΓΓA）"就是，整体的，关于部分的整体化的程序。此外，其整体化处于同时性较强的拓展中，时间将被空间化，若与辩证法做一对比，则它的水平性、共时性特征较强。与辩证法的矛盾相对应的是"非而非"同时存在。就整体性来看，辩证法可以为它搭建边界，与之相对，"非而非"则无法为它搭建边界；前者将场所看作容器，后者将场所看作场；其次，前者试图消除不确定性，后者则要生成不确定性。在这样的对比之下，我们可以说，"辩证法"和"非而非"就是文化的无限流出的装置，就是文化的"两个涌点"。

日本中世美学的目标，就是描绘出将这个整体看透彻的"非而非"。但是，不管什么样的艺术作品，我们都只能说它"是 A"。四句的剩下三句，无法说出口。但是，要想完成四句，剩下三句就必须要表达出来。因此，中世的艺术家们就选择了两条道路。其中一条，就是谋求艺术作品的无限拓展，其结果，就是多变性的积累的总体，将整体化展现而出的道路。这个方向，也许会在多种因素的实践之下，证实其自身的明确性，所谓多种因素，包括从连歌这种形式的创始起，到之后将会阐述到的定家的再构建理论；已经说过的"物哀""无常"的理念的设置；茶道中的"数奇"概念所佐证的创作的自由度等。如此一来，各个艺术领域的作品，将以一种稳固整体的状态出现，各具特性的同时，又保持共通的特性，它们交织在一起，生出整体化的形态。

另一条道路，是使艺术成为艺术的隐喻性下降之路。"非而非"既然是整体化的逻辑，那么它就具备"拂晓"的形态。其方向与持续向黑暗世界的方向相反，是奔赴向众彩庄严的世界的。若要给这个世界一个描述，那么它应该是"天盛花，地熏香[14]"。但是，并非如此。因此，他们选择的表达方式才会朝向"秋季黄昏"。在这种态势自身之中，他们已经实现了"ΓA"。重复之下，他们便将"黄昏"与"拂晓"同时放置下来。

同时将多个形象叠加，将现象的边界模糊化，这种见解和操作，是与空间相关联的。例如，文学作品在鉴赏者的意识中，使作者描绘出的情景得以形成，在此基础上再诱导引发其他情景，然后再将这些情景融合；我们意识到实际的空间，然后回想起其他记忆中的风景并叠加于其之上。上述两种行为，都是与意识所认知的空间相关的职能。不管是假想的空间还是实际存在的空间，都必须将它们看作是意识所认知的空间。那么，两者其实是同一种事物。如此一来，那就不仅限于文学，包括各种艺术、工艺，最终到日常生活中的行动，对于某种空间的认识就位于文化的底流中，相应的观点继而确立，这就是"空间概念"。

"边界不明晰"这种现象，是日本的空间的特性，更狭义来讲，是日本建筑空间的特性。换言之，有边界的同时又没有边界，这样的空间的连续性，或者说领域的切割方式随处可见。即，日本的建筑没有强力的墙壁。隔扇和拉门就是很好的范例。房间的边界是可变的。城市中没有城墙，一般来讲，住家的领地中也不存在强力的边界，甚至"借景"都可以成为一种美学手法。房间外部有边缘，它的外面又有屋檐下。真的是再没有哪一种住宅的领域分析会比日本的住宅领域分析更繁杂了。当我们对世界各地的传统住宅展开领域分析时，肯定会出现很多例外，但依然是不存在像日本住宅这么复杂的。因为在世界的住宅中存在着用墙壁围起来的房间。即使是像非洲的复合住宅（Compound）那般，构成极为复杂，但领域分析是很容易的。我们在对日本的住宅进行领域分析时，如果采用了撤掉隔扇、撤掉拉门这样的设想，那么就必须导入，与墙壁不同的，不明晰的领域规定的要素，否则就无法展开分析。这种从切割方式入手的分析，不适用于日本的传统住宅。因为这种依靠作为明确边界的墙壁的空间把握，依"作为容器的特性"的空间把握并不是主流。

日本的传统住宅的领域分析，是在晴和亵、表和里、上手（左侧）和下手（右侧）、缘（外部）和奥（深处）等倾向分析之下认知的。若将其普遍化，即是准备，即是"座"。这些是将领域进行笼统指定的手段，也是赋予看不见的领域以秩序的方法。即使没有物理性的四壁（Enclosure），这样的概念依然会在以空间"作为场的特性"对其进行的认知中生成。

这种日本空间中的特性是经由气候条件、生产方式得以阐明的，这样的解读具备其妥当性。但是，在日本的空间中，存在着一种价值观，这种价值观认为，顺应结合身体的舒适感、技术，最好不要将边界予以明确。正是这种美学，一直决定着日本的空间的诸多形式。

静寂，蝉声入岩石

——松尾芭蕉

"入"这一动词，经芭蕉描述，明确了个中意义。这个动词是说明日本文化特性的谓语之一[15]。这句诗在日本广为流传，它是关于边界的一种比喻。可以认为，有现象融合在内的形态，它作为美丽风景的一个条件，至今仍存活于日本人的价值观之中。例如，融合，可以在霞光与花（樱花）中窥得。霞光与花之间，本身就没有明确的边界，是一个不定的形态。不定形态之物相互融合，不明确的色彩相互渗透，不安定的声音相互交织，与其说它们是日本中世绘画、书法、音乐的手法，其实可以看作是其特性。不仅如此，也许正因为它们存在于日常的情景或风景中，所以才更能具备相应的价值。

关于不定形态之物，其实它还有一种更高程度的存在状态，即香味。馥郁的香气与读经的声音融合在一起的状态。城中的盛放八重樱，飘散于"烂漫香熏透九重"的香气环绕中。这样的形态，亦在风中有所展现。日本中世的风，即是秋风，乃是气候风。这种风似有似无，捉摸不定。

芭蕉的"入"，将这些景致的不明确形态的全貌，展现了出来。连岩石这种有较强边界的物体，都具备声音，带上了一份宁静。这种相互渗透性，就体现于建筑的布局、庭园和外部风景的对应、采风采光方式，以及在室内对它们的分析状态、屋顶和树木的风景论性配置之中，可以说，这就是生成日本建筑的"作为场的空间"的基本。

此外还存在"混""合"等动词，算是"入"的衍生。

"此道之重，乃和汉隔阂之消除，此为要旨云云。需慎于心之事也[16]。"

"旧新交错，旧亦然新亦然，同为奇妙者。此乃花的天性[17]。"

前文引自珠光的"古市播磨法师宛一纸"，文中对茶道道具有所提及。句中，"隔阂"，即边界一词。"和汉隔阂之消除"蕴含着和汉混合这样一种更加强烈的意义，我想对这一点投入关注；后文引自世阿弥的《花镜》。定家已在《咏歌大概》中有过以下定式化表述，而世阿弥则对它进行了进一步拓展。

"情以新为先，词以旧可用。"

（心应以新物为先，词应以旧述为用[18]。）

在这里，"情"可以解释为一种隐喻的意义。那么，定家的方法就是"再构建"本身。为什么"和汉隔阂之消除"如此重要？又为什么"同为奇妙者"？关于这两个问题，我们认为，定家也给出了解释。在歌论和连歌论中，对"歌病"有所论述，其内容是对在创作的过程中需要避免的事项的定式化。其中，最需要避免的，就是"同心病"（重言式）。同心病（重言式）即对同一事物的重复[19]，也就是说，避开轮回极为重要。对于歌或连歌而言，无尽的延伸才是其整体目标。如果我们将"非而非"中的非和同时的意义，换言至一种艺术规范，那么它就是定家所表述的意义。

所谓引用，在建筑、造园领域是"模仿"的概念。其为众人所知的意义，即是对茶室等的整体的沿袭，也许即使对于部分引用，给予它的表述也依然是模仿。即使这个措辞表达用的是其他词汇，建筑、庭园，或者城市、聚落的多样化形变（variation）的生成，也依然离不开模仿这项操作，否则将无法展开阐述。其中，"情趣"的拓展被摆到一个重要地位。

"混"与"合"会在茶室的设计方法中出现。设计师会精细地分割出各面，以营造出狭窄茶室的地板、墙壁、天花板，然后在其中添加对应以各种材料和构造法。其蕴含的意义，即如非 A，它使各种各样的部分显现而出，与此同时，又如我们在"notΓA"甚至"ΓΓA"的解释中所观察到的那般，每次进入茶室，人们就会在其中读取到新的情景。从这个意义上来讲，可以说茶室每次都是以全新的姿态展现在我们面前的。

边界，是一种存在同时又不存在的事物。"混""消除""交错"等，为实践性规范操作方法层次上所需的构思方法赋予了必要性。这种时空性概念的其中之一，叫作"间"。究其本源，正如"红叶美如锦，厚礼献神前"所示，是一个指代同时存在的形态的词汇，而同时存在，亦可以看作是一种叠加。随着美学的不断完备，它逐渐转变为序列设计的"间"的测定技法。"间"不是一种切断的记述，而是一种不问相异还是同质的，融合或者说一体化的，使边界成为既存在又不存在之物的形态论测量技术。

当鸭长明将自己的住宅缩减十分之一，最后缩减至百分之一的时候，出现的就是整体景观。但当时还不存在"缩小"这个动词。《方丈记》中也没有出现表示"缩小"这个意义的词语。对于在庭园、茶室的手法中频繁出现的重要概念，我们目前不得不称它为"缩小"，鸭长明将自己的住宅缩小后发现的，正是"非而非"的风景。关于此事，他自己表述得极为谦虚。众所周知，他会在故事开头对物哀、无常之事展开阐述。要对此进行讲述，颇有难度。那里有一个众彩庄严的世界。之前我们对"非而非"的解释做了概述，重复来讲，在这里，它就是日本中世的艺术乃至美学所给出的解释。众彩庄严的世界，即，在对这个世界的憧憬和开创中，艺术家们已经做好了暂且只能说它"是 A"的心理准备。图式性的说明，它已经呈现出已经不管从什么样的 A 开始，整体的整体都是清晰可见的，都是确切如此的状态。若要从看不到的那一方引发这个图式的动态，就必须要展现出"是 A"的表现方式。这就是我们在《南方录》中的发现，也是俊成的一个决心。

鸭长明的表述，正如定家的"秋季黄昏"一般绝妙。他所表述的意思是，缩小的过程中，内和外实现反转，方丈实现之时，周边处在一个既是内又是外的空间中。他写道：其中，薄雾密布，小鸟啼啭的住宅，使所有现象的出现成为可能，并实现了可观赏这些景致的"世界般的住宅"。它到底是一种什么样的住宅呢？它是一个纯粹地变成了"场"的住宅，各种意义上将边界排除掉的彼岸。因此，关于"缩小"，单从方法的角度来看，指的是缩小的同时又拓展开来的这样一种意义，用符合"非而非"的说法来讲，就是"缩小的同时又扩张"的意义。

如此，"非而非"的空间性解释，便可以借助一系列动词得以阐明，但是亦不可缺少"冰冷"。因为，对于中世的艺术家们来讲，"冰冷"是动词中的动词，也许我们可以说，它直接展现了"非而非"的形态。定家的"秋季黄昏"

是这篇小论的起点，而"冰冷"则正是"秋季黄昏"的一般形态。定家的歌，之所以能让人感受到"非而非"，就是因为他的歌中飘逸着"冰冷"的氛围。"秋季黄昏"的温度在逐渐下降，而我的体温，仿佛正在迎合这种下降一般，呈现出了逐渐低下的趋势。浮现在我眼前的，是生存的绝对边界，是空海曾经重复了四次才将诗句收尾的文字——死[20]。

"由存在的同时又不存在的边界生成的空间"是日本的空间传统之一，至此，关于它的考察，即将告一段落。这篇小论的开端颇为奇妙，我在到处探寻的过程中，于伪狄奥尼修斯的著作《神秘神学》的英文译本中找到了最后引用的"非而非"[21]，而我发现这本著作，又是在奥古斯丁、托马斯·阿奎纳对它的引用中。有一种说法称，这本著作给欧洲的中世纪文化带来了莫大的影响。它对我而言就仿佛一个文化课题，若浅析，我没有足够的知识；若深究，远非我力之所能及。我认为自己在欧洲以及其他地区窥见了类似"非而非"的空间。其存在，是理所当然的。日本中世将"非而非"看作一个涌点，独自取得了极度高度化的源流的发展，这个传统不仅流淌进艺术之中，也深刻地渗入我们的思想、日常价值观中。艺术，乃至各种各样的表现行为都没有彻底排除多义性。既如此，那我们是不是能找出一个将多义性保持在各种文化的底流中的逻辑呢。如果，这个逻辑不是"非而非"，那么它就是第三种充满活力的否定逻辑，我想知道它到底是什么。

对凡事都表现出一种惊异的态度，沉浸在畏惧的意念中，这正是日本中世的艺术家们谦虚而又大胆地尝试承担这个世界的一种表现。这个计划已经历了数百年的岁月流淌，但它却并未表现出丝毫衰微之势，依然处于传承之中，美学体系已然成型。将来，这项操作所蕴含的意义，必将得到更加广泛的理解。在这之前，如今的日本表现者，则必须跟随伟大的先贤们学习艺术的态势。我想，下面一段引文，即全面展现了他们的研究。

Ascending higher we say:

It is

not soul, not intellect,

not imagination, opinion, reason and not understanding.

not logos, not intellection,

not spoken, not thought,

not number, not order,

not greatness, notsmallness

not equality, not inequality,

not likeness, not unlikeness,

not having stood, not moved, not at rest,

not powerful, not power,

not light,

not living, not life,

not being,

not eternity, not time,

not intellectual contract with it,

not knowledge, not truth,

not king, not wisdom,

not one, not unity,

not divinity,

not goodness,

not spirit(as we know spirit),

not sonhood, not fatherhood,

not something other[than that] which is known by us or some other

beings,

not something among what is not,

not something among what is,

not known as it is by beings,

not a knower of beings as they are:

There is neither logos, name, or knowledge of it.

It is not dark nor light,

not error, and not truth.

There is universally

neither position nor denial of it.

While there are produced positions and denials of those after it,

we neither position nor deny it.

Since,

beyond all position is

the all-complete and single cause of all;

beyond all negation:

the preeminence of that

absolutely absolved from all

and beyond the whole.

试译如下：

逐步高升之时，我们说

那

非魂魄，非智慧

非想想，非思索，非理由，非理解

非理性，非知性

非所言之物，非所思之物

非数量，非顺序

非大物，非小物

非对等之物，非不对等之物

非相似之物，非不相似之物

非站立之物，非动态之物，非静止之物

非有力之物，非力

非光

非生存之物，非生命

非存在

非永远，非时间

非借助知识与之接触

非知识，非真理

非王者，非智者

非单独之物，非统一体

非神性

非善

非精神（我们所知的精神）

非儿子，非父亲

非通过我们自己或通过他人而得知的事物（以外的）其他事物

非非此物之中的某物

非为此物之物之中的某物

非通过存在之物而认知为是如此的事物，非如存在之人那般的某个认识者

非存在理性，非存在名，非存在相关知识

非黑暗亦非光明

非谬误，亦非真相

所到之处既无肯定亦无否定

存在与之相关的肯定以及否定，与之相对，我们却并不肯定也不否定

因此，肯定超越一切，是一切完全且唯一的所有之物相关的原因

否定，是一切完全且唯一的所有之物相关的原因

是超越所有之物，超越整体，绝对地，自由地领先于一切的事物。

注释

［1］南坊宗启《南方录》，林屋·横井·楢编著《日本的茶书 1》平凡社，1971 年，398—399 页。

［2］同书，400 页。

［3］藤原俊成《古来风体抄》，有吉保校注译，日本古典文学全集《歌论集》小学馆，1975 年，275 页。

［4］国译一切经·密教部《大毗卢遮那成佛神变加持经》（大日经），大东出版社，1931 年，53 页。

［5］《奥义书》，服部正明译，世界名著 1，中央公论社，1969 年。

［6］《宝行王正论》，瓜生津隆真译，世界古典文学全集《佛典Ⅰ》，筑摩书房，1966 年，353 页。

［7］《摩诃止观》上，关口真大校注，岩波书店，1966 年，119 页。；

［8］同书，120 页。

［9］同书。

［10］国译一切经·中观部《中论》羽溪了谛译，1920 年，175 页。

［11］注 3 的文献，同页。

［12］山内得立《逻各斯与引理》，岩波书店，1974 年，70 页。

［13］梶山雄一，上山春平《空的逻辑（中观）》佛教的思想 3，角川书店，1969 年。

［14］石川淳《普贤》，石川淳全集 1，筑摩书房，1961 年。

［15］关于"入"为日本文化的一个重要概念一事，曾咨询大冈信先生。

［16］"珠光，古市播磨法师宛一纸"，芳贺幸四郎译注，日本的思想《艺道思想集》筑摩书房，1971 年，273 页。

［17］《花镜》，表章校注·译，日本古典文学全集《连歌论集，能乐论集，俳论集》小学馆，1963 年，318 页。

［18］收录在注 3 的文献中，藤原定家《咏歌大概》493 页。

［19］收录在注 3 的文献中，藤原俊成《古来风体抄》，参考 357—358 页。

［20］《秘藏宝钥》，祖风宣扬会编纂，弘法大师合集一辑，417—418 页。

［21］Pseudo Doinysius Areopagita,translated by J.D.Jones: *The Divine Names and Mystical Theology*,1980,Marquette Uni-versity Press.221—222 页。

图书在版编目（CIP）数据

空间：从功能到形态／（日）原广司著；张伦译．——
南京：江苏凤凰科学技术出版社，2017.5
ISBN 978-7-5537-8137-2

Ⅰ．①空… Ⅱ．①原… ②张… Ⅲ．①建筑空间－文
集 Ⅳ．① TU-024

中国版本图书馆 CIP 数据核字（2017）第 081225 号

江苏省版权局著作权合同登记　图字：10-2016-470 号
KUKAN "KINO KARA YOSO E"

by Hiroshi Hara

©1987 by Hiroshi Hara

Originally published 1987 by Iwanami Shoten, Publishers, Tokyo.

This simplified Chinese edition published 2017

by Tianjin Ifengspace Media Co., Ltd.,

by arrangement with the proprietor c/o Iwanami Shoten,, Publishers, Tokyo

空间——从功能到形态

著　　　者	[日] 原广司
译　　　者	张　伦
项 目 策 划	凤凰空间／陈舒婷
责 任 编 辑	刘屹立　赵　研
特 约 编 辑	陈舒婷

出 版 发 行	江苏凤凰科学技术出版社
出版社地址	南京市湖南路 1 号 A 楼，邮编：210009
出版社网址	http://www.pspress.cn
总 经 销	天津凤凰空间文化传媒有限公司
总经销网址	http://www.ifengspace.cn
印　　　刷	河北京平诚乾印刷有限公司

开　　　本	710 mm×1 000 mm　1/16
印　　　张	14
字　　　数	224 000
版　　　次	2017 年 5 月第 1 版
印　　　次	2020 年 10 月第 4 次印刷

标 准 书 号	ISBN 978-7-5537-8137-2
定　　　价	45.00 元

图书如有印装质量问题，可随时向销售部调换（电话：022-87893668）。